高职高专园林工程技术专业规划教材

园林制图与识图（修订版）

主　编　吴艳华
副主编　苏　丹　夏忠强　韩阳瑞

中国建材工业出版社

图书在版编目(CIP)数据

园林制图与识图 / 吴艳华主编. – 修订本. – 北京 : 中国建材工业出版社,2021.8
高职高专园林工程技术专业规划教材
ISBN 978-7-5160-3254-1

Ⅰ. ①园… Ⅱ. ①吴… Ⅲ. ①造园林－制图－高等职业教育－教材②造园林－识图－高等职业教育－教材
Ⅳ. ①TU986.2

中国版本图书馆 CIP 数据核字(2021)第 131488 号

内 容 简 介

本书为校企合作共编教材,充分体现工作过程导向的课程设计理念,内容包括园林制图与识图基础知识、投影作图、园林要素表现技法、园林设计效果图绘制、专业图纸绘制与识读等七个项目,每个项目自成体系,递进式编排。本书以实用和适用为原则,广泛吸收了当前园林专业领域的最新案例,内容丰富、图文并茂,步骤详细、通俗易懂,使读者能够轻松入门,在较短时间内熟练掌握园林设计与施工图纸的绘制与识读方法,迅速提高岗位技能。

本书可作为高职高专院校园林及相关专业、五年制高职、成人教育园林及相关专业教材,也可作为园林行业职业技能培训、园林企业职工培训教材。

园林制图与识图 (修订版)
Yuanlin Zhitu yu Shitu(Xiudingban)
主 编 吴艳华
副主编 苏 丹 夏忠强 韩阳瑞
出版发行:中国建材工业出版社
地 址:北京市海淀区三里河路 1 号
邮 编:100044
经 销:全国各地新华书店
印 刷:北京雁林吉兆印刷有限公司
开 本:787mm×1092mm 1/16
印 张:11.75
字 数:270 千字
版 次:2021 年 8 月第 1 版
印 次:2021 年 8 月第 1 次
定 价:39.00 元

本书编委会

主　　编　吴艳华（辽宁农业职业技术学院）

副主编　苏　丹（辽宁农业职业技术学院）

　　　　　夏忠强（辽宁农业职业技术学院）

　　　　　韩阳瑞（南通农业职业技术学院）

参　　编　王　蜜（辽宁农业职业技术学院）

　　　　　杨晓菊（辽宁农业职业技术学院）

　　　　　李佳妮（辽宁农业职业技术学院）

　　　　　董　璐（辽宁农业职业技术学院）

　　　　　陈献昱（辽宁农业职业技术学院）

　　　　　吴丽娜（黑龙江职业学院）

　　　　　杨　易（北京农业职业学院）

　　　　　刘丽馥（辽宁生态工程职业学院）

　　　　　郭　玲（辽宁职业学院）

　　　　　姜文涛（辽宁博跃建筑工程有限公司）

　　　　　李　杭（沈阳市政集团有限公司）

　　　　　修建成（沈阳万科物业服务有限公司）

　　　　　侯　乐（北京东方华脉工程设计有限公司）

主　　审　董晓华（辽宁农业职业技术学院）

前　言

　　《园林制图与识图》是高职院校园林类专业重要的专业基础课，对学生岗位能力的培养具有举足轻重的作用，其教学目标主要是培养和锻炼学生的识读、绘制园林图纸的实际操作能力，为以后专业课的学习以及专业图纸的识读、绘制奠定基础。

　　本教材在充分调研园林类企业的基础上，基于园林类专业岗位能力要求和工作任务，结合教学实践经验，并参照相关国家职业标准优化整合了教学内容，力求使本教材在内容上体现科学性、实用性、先进性，在形式上坚持工学结合，以项目为载体。

　　全书内容分为园林制图与识图基础、投影作图、园林要素表现技法、园林设计效果图的绘制、园林设计图的绘制与识读、园林工程施工图的绘制与识读、结构和设备施工图的识读七个项目，每个项目自成体系，递进式编排，由若干工作任务组成，另附有技能训练，为培养学生动手能力提供了大量素材。

　　本教材编写体现了工作过程导向的课程设计理念，突出了教学内容选取职业性原则和理论知识适度、够用原则，通过对园林工程各种图样的识读和绘制的工作过程，导入制图与识图的相关知识和技能，为实现"理论实践一体化"的教学模式提供了教材保障。

　　本书为校企合作共编教材，由辽宁农业职业技术学院吴艳华担任主编，辽宁农业职业技术学院苏丹、夏忠强，南通农业职业技术学院韩阳瑞担任副主编，具体编写分工如下：辽宁农业职业技术学院吴艳华编写项目一、项目二、项目三、项目四；辽宁农业职业技术学院苏丹、王蜜、李佳妮、陈献昱编写项目五、项目六；辽宁农业职业技术学院夏忠强、杨晓菊、董璐编写项目七、附录3、附录4；南通农业职业技术学院韩阳瑞、黑龙江职业学院吴丽娜编写附录1、附录2；辽宁博跃建筑工程有限公司姜文涛、北京东方华脉工程设计有限公司侯乐、沈阳市政集团有限公司李杭、沈阳万科物业服务有限公司修建成参与了部分案例的编写。全书由吴艳华统稿，辽宁农业职业技术学院董晓华教授担任主审。

由于编者水平有限，书中难免存在一些错误和不足，恳请广大读者提出宝贵意见，不吝指正。本教材编写过程中也参阅引用了部分书籍、教材和一些地方建设的图纸资料，在此对相关作者和单位致以诚挚的感谢。

编 者

2021年6月

目 录

001　项目一　园林制图与识图基础

001　任务一　制图工具的使用
007　任务二　制图基本标准的掌握
019　技能训练

023　项目二　投影作图

024　任务一　三面正投影图的绘制
032　任务二　剖面图和断面图的绘制
036　技能训练

038　项目三　园林要素表现技法

038　任务一　园林植物的表现技法
047　任务二　园林山石的表现技法
050　任务三　园林水体的表现技法
051　任务四　园林建筑小品的表现技法
054　任务五　园路的表现技法
055　任务六　地形设计表现方法
058　技能训练

060　项目四　园林设计图的绘制与识读

061　任务一　园林设计总平面图的绘制与识读

064 任务二 园林植物种植设计图的绘制与识读
069 任务三 园林建筑设计图的绘制与识读
080 技能训练

084 项目五 园林设计效果图的绘制

085 任务一 园林轴测图的绘制
094 任务二 园林透视图的绘制
107 技能训练

112 项目六 园林工程施工图的绘制与识读

112 任务一 竖向设计施工图的绘制与识读
116 任务二 园路工程施工图的绘制与识读
121 任务三 假山工程施工图的绘制与识读
125 任务四 水景工程施工图的绘制与识读
129 技能训练

133 项目七 结构和设备施工图的识读

134 任务一 结构施工图的识读
142 任务二 给排水工程施工图的识读
145 任务三 电气工程施工图的识读
148 技能训练

154 附录1 常用建筑材料图例
155 附录2 风景园林图例
161 附录3 《园林制图与识图》知识题库
172 附录4 小庭院图纸设计案例
177 参考文献

项目一　园林制图与识图基础

【内容提要】

学习园林制图不仅应掌握常用制图工具的使用方法，以保证制图的质量和提高作图的效率，还必须遵照有关的制图规范进行制图，以保证制图的规范化。通过本项目的学习，学生能够掌握常见绘图工具的使用方法及国家制图标准。

【知识目标】

识别常用制图工具。
掌握制图工具的使用方法。
熟悉园林图纸绘制的国家标准。
掌握园林图纸绘制的基本方法和步骤。

【技能目标】

能正确熟练使用常用绘图工具。
能正确应用国家制图标准。

任务一　制图工具的使用

相关知识

一、图板

图板主要用来铺放和固定图纸，一般用胶合板制成。常用图板有 0 号（900mm×

1200mm)、1号（600mm×900mm）、2号（450mm×600mm）几种规格，在使用过程中我们可以根据需要选定。图板的板面要平整，工作边（即短边）要平直。图板应防止受潮或高热，以防板面翘曲变形，不能用刀具或硬质器具在图板上任意刻划。当图纸固定其上后，只能以左侧边为工作边。在绘图过程中不得变换工作边。固定图纸时应用胶带纸粘贴，不可使用其他任何方法固定，如图1-1所示。

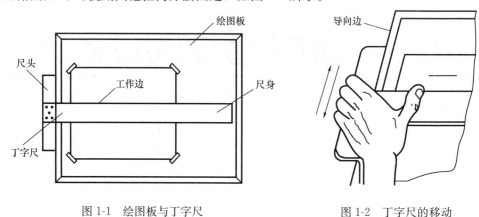

图1-1　绘图板与丁字尺　　　　　　　　图1-2　丁字尺的移动

二、丁字尺

丁字尺一般用有机玻璃制成，由相互垂直的尺头和尺身组成，尺身上有刻度的一边为工作边。丁字尺主要用于画水平线或配合三角板作图。工作时，丁字尺尺头须靠着图板的左侧边，左手大拇指轻压尺身，其余手指扶住尺头，稍向右按，使尺头靠紧图板工作边。画线时，自左向右画水平线，不能用丁字尺的下边画线，如图1-2所示。特别应注意保护丁字尺的工作边，保证其平整光滑，不能用小刀靠住尺身切割纸张。不用时应将丁字尺装在尺套内悬挂起来，防止压弯变形。

三、三角板

一副三角板有两块，一块是45°等腰直角三角形，另一块是两锐角分别为30°和60°的直角三角形。三角板的大小规格较多，绘图时应灵活选用。

三角板与丁字尺配合使用，可画垂直线及15°、75°、45°等斜线，如图1-3所示。为

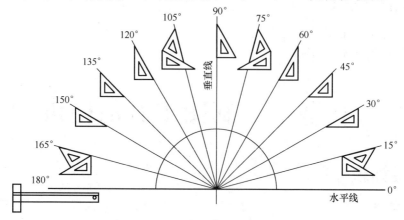

图1-3　三角板与丁字尺配合使用

了保持尺边的平直，不能以丁字尺和三角板的画线边为导边用刀裁纸。

四、绘图笔

绘图铅笔的铅芯有软硬之分，分别用字母 B 和 H 表示。B 前的数字越大，表示铅芯越软，绘出的图线颜色越深；H 前的数字越大，表示铅芯越硬，绘出的图线颜色越淡；HB 表示软硬适中。加深图线常用 2B 铅笔；写字常用 HB 铅笔，画底稿线常用 2H 铅笔。铅笔应从没有标志的一端开始使用，以便保留标记供使用时辨认。铅笔应削成圆锥形，削去约 30mm，铅芯露出 6～8mm。铅芯可在砂纸上磨成圆锥或四棱锥，前者用来画底稿、加深细线和写字，后者用来描粗线，如图 1-4 所示。

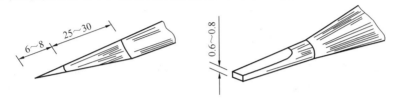

图 1-4　绘图铅笔及铅芯

墨线笔用来绘制墨线，主要有鸭嘴笔、针管笔和绘图小钢笔。

鸭嘴笔的笔尖形似鸭嘴，由两个小钢片合对构成，可用螺钉任意调整间距，确定墨线粗细。往鸭嘴笔注墨时，应用注墨管小心地将墨水加入两块钢片的中间，注墨高度为 4～6mm。画图前要先在废描图纸上试画，宽度合适时才能在正式纸上画。描绘一条线的中途不能停顿，以防出现拖墨而弄脏图纸。画细线时，调节螺钉不要旋得太紧，以免笔叶变形，用完后应清洗擦净，放松螺钉后收藏好。

针管笔是专门用来绘制墨线的，如图 1-5 所示，其笔尖是用不锈钢针管内带通针制成，有多种规格（0.1～1.2mm）供绘制不同粗细的图线时使用。用针管笔画图时，笔位于铅垂面内且向前进方向倾斜 5°～10°，运笔速度不宜过快，自左向右画线，不可反向画，以免纸纤维堵塞笔尖管孔。使用时如发现流水不畅，可将笔上下梭动，当听到管内有撞击声时，表明管心已通，即可继续使用。

图 1-5　针管笔示意图

为保证墨水流畅，必须使用专用绘图墨水，用完后应及时清洗。

绘图小钢笔由笔杆、笔尖两部分组成，是用来写字、修改图线的，也可用来为直线笔注墨。使用时沾墨要适量，笔尖要经常保持清洁干净。

五、圆规和分规

圆规是画圆和圆弧的工具，圆规一条腿安装针脚，另一条腿可装上铅芯、钢针、直线笔三种插脚。圆规在使用前应先调整针脚，使针尖稍长于铅笔芯或直线笔的笔尖，取好半径，对准圆心，并使圆规略向旋转方向倾斜，按顺时针方向从右下角开始画圆。画圆或圆弧都应一次完成。画大圆时，需要加延伸杆。

分规是等分线段和量取线段的工具，两腿端部均装有固定钢针。使用时，要先检查分规两腿的针尖靠拢后是否平齐。用分规将已知线段等分时，一般应采用试分的方法，如图 16 所示。

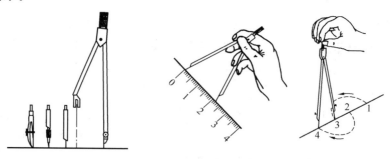

图 1-6　圆规及分规

六、比例尺

比例尺又称三棱尺，如图 1-7 所示，用于图形放大或缩小。常用的比例尺一般刻有 6 种不同的比例刻度，可根据需要选用。比例尺刻度数字单位是 m，在运用比例尺时，首先要认清各个比例刻度最小格的读数。例如 1：100 的比例尺上每一小格为 0.1m，而 1：500 的比例尺上每一小格为 0.5m。由此可以看出，用比例尺量取线段时，只要在三棱尺上找到图样比例，在棱尺上直接读刻度值即可。绘图时千万不要把比例尺当做三角板用来画线。

图 1-7　比例尺

七、曲线板

曲线板是画非圆曲线的工具，如图 1-8 所示。复式曲线板用来画简单曲线；单式曲线板用来画较复杂的曲线，每套有多块，每块都由一些曲率不同的曲线组成。使用曲线板画曲线时，应先徒手把曲线上各点轻轻地依次连成圆滑的细线，然后选择曲线板上曲率相当的部位进行画线。一般每画一段线最少应有三个点与曲线板上某一段吻合，并与已画成的相邻线段重合一部分，还应留出一小段不画，作为下段连接时过渡之用，以保

图 1-8　曲线板

持曲线光滑。

八、模板和擦图片

模板可用来辅助作图，提高制图效率。模板的种类非常多，一类为专业模板，如建筑模板、家具制图模板等，这些模板上一般刻有该专业常用的几何形状和常用专业符号；另一类为通用型模板，如圆模板、椭圆模板等，模板上刻有一系列大小不同的圆、椭圆等。用模板画图时笔应尽量与纸面垂直且紧切图形边缘。

擦图片是用来修改图线的，如图 1-9 所示，用很薄的不锈钢制成，使用时只要将该擦去的图线对准擦图片上相应的孔洞，用橡皮轻轻擦拭即可。

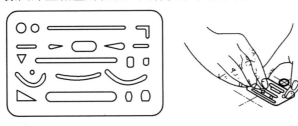

图 1-9　擦图片及使用方法

九、图纸

图纸分绘图纸和描图纸两种。

绘图纸常用于绘制底图或铅笔图，要求纸面洁白、质地坚硬，用橡皮擦拭不易起毛，画墨线时不洇透，图纸幅面应符合国家标准。绘图纸不能卷曲、折叠和压皱。

描图纸即硫酸纸，要求透明度好、有柔性。在工程施工中，往往需要多份图纸，通常采用先描后晒的方法进行，成本较低。晒成的图俗称蓝图。图上墨线要自然干燥，不能用吸墨纸吸干。

十、其他工具

绘图的其他工具如图 1-10 所示。小刀用来削铅笔，胶带纸用来固定图纸，单面刀片用来修图，还有绘图专用墨水。

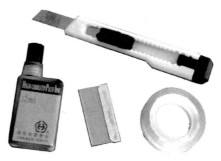

图 1-10　绘图小工具

 任务实施

运用常用绘图工具绘制如图 1-11 所示线条图例。

图 1-11　工具线条图示例

任务二　制图基本标准的掌握

相关知识

一、图纸

（一）图纸幅面

图纸的幅面是指图纸的尺寸大小。为了便于图样的装订、管理和交流，国家对图纸幅面的尺寸大小作了统一规定，见表1-1。从表1-1可以看出，图纸基本幅面的尺寸关系是：沿大一号幅面的长边对裁，即为小一号幅面的大小，对裁时忽略小数点后面的尺寸数，表中代号含义如图1-12所示。

当图的长度超过图幅长度和内容较多时，可以加长图纸的幅面，图纸的加长量为原图纸长边的1/8的倍数，仅A0～A3号图纸可以加长且在加长时只加长长边，短边不得加长。

表1-1　幅面及图框尺寸（mm）

尺寸代号	幅面代号				
	A0	A1	A2	A3	A4
$b \times l$	841×1189	594×841	420×594	297×420	210×297
c	10			5	
a	25				

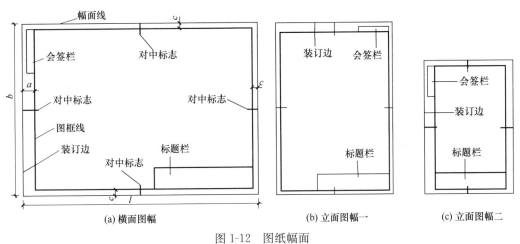

(a) 横面图幅　　(b) 立面图幅一　　(c) 立面图幅二

图1-12　图纸幅面

（二）图纸格式

图纸有横式和立式两种。图纸以短边作为垂直边称为横式，如图1-12（a）所示；以短边作为水平边称为立式，如图1-12（b）所示。一般A0～A3图纸宜横式使用；必要时，也可立式使用。

需要微缩复制的图纸，其一个边上应附有一段准确米制尺度，四个边上均附有对中标志。对中标志应画在图纸各边长的中点处，线宽应为 0.35mm，伸入图框内应为 5mm；当对中符号处在标题栏范围内时，则伸入标题栏部分省略不画。国家标准规定一项工程所用的图纸（套图），不宜多于两种图纸幅面。但图纸目录表格所用的 A4 图纸不在此限。

二、标题栏和会签栏

图纸标题栏简称图标。各种幅面的图纸，不论竖放或横放，均应在图框内右下角画出标题栏。标题栏外框线用 0.7mm 实线绘制，分格线用 0.35mm 实线绘制，其具体格式、内容和尺寸，可根据设计单位的需要而定。工程用标题栏可参照图 1-13 的格式绘制，园林制图作业中的标题栏可参照图 1-14 绘制。

需要会签的图纸应按图 1-15 的格式绘制会签栏。一个会签栏不够时，可另加一个，两个会签栏应并列。不需要会签的图纸可不设会签栏。

图 1-13　工程用标题栏

校名		图号	
		比例	
制图	班级	指导	
专业	日期	图名	成绩

图 1-14　制图作业用标题栏

三、图线

图纸上所画的图形是用不同的图线组成的，一张高质量的图纸必须由不同的线条适当搭配而成，要做到图面清晰美观、层次分明，不能一种图线画到底。绘制工程图时，为了表示不同内容并能分清主次，必须使用不同线型和线宽的图线。

（一）线型与线宽

《房屋建筑制图统一标准》（GB/T 50001—2010）规定工程建设图应选用规定的线型。每个图样都应根据复杂程度与比例大小，先确定基本线宽 b，见表 1-2；再选用适

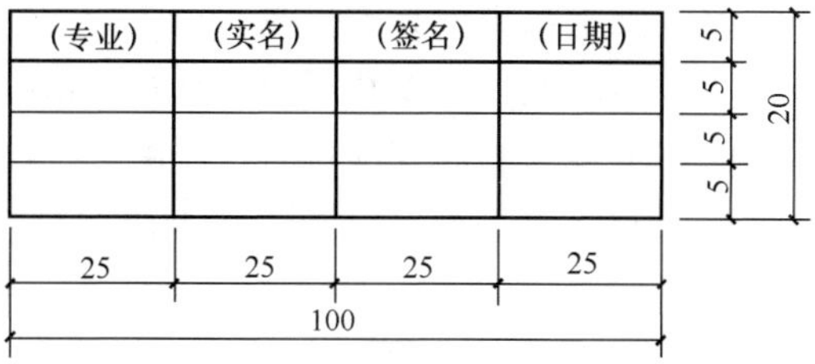

图 1-15　会签栏

当的线宽组，见表 1-3。

表 1-2　线　　型

名称		线　　型	线宽	一般用途
实线	粗		b	主要可见轮廓线
	中粗		$0.7b$	可见轮廓线
	中		$0.5b$	可见轮廓线、尺寸线、变更云线
	细		$0.25b$	图例填充线、家具线
虚线	粗		b	见有关专业制图标准
	中粗		$0.7b$	不可见轮廓线
	中		$0.5b$	不可见轮廓线、图例线
	细		$0.25b$	图例填充线、家具线
单点长画线	粗		b	见有关专业制图标准
	中		$0.5b$	见有关专业制图标准
	细		$0.25b$	中心线、对称线、定位轴线
双点长画线	粗		b	见有关专业制图标准
	中		$0.5b$	见有关专业制图标准
	细		$0.25b$	假想轮廓线、成型前原始轮廓线
折断线	细		$0.25b$	断开界线
波浪线	细		$0.25b$	断开界线

注：虚线每段线段长度 4～6mm，线段与线段之间间隔 0.5～1.5mm；单点长画线每段线段长度 15～20mm，
　　线段与线段之间间隔 1.0～3.0mm；双点长画线每段线段间隔 15～20mm，线段与线段之间间隔约 5mm。

表 1-3　线宽组

线宽比	线宽组（mm）					
b	2.0	1.4	1.0	0.7	0.5	0.35
$0.7b$	1.4	1.0	0.7	0.5	0.35	0.25
$0.5b$	1.0	0.7	0.5	0.35	0.25	0.18
$0.25b$	0.5	0.35	0.25	0.18	0.13	—

（二）图线的画法

1. 在同一张图纸内，相同比例的各图样，应选用相同的线宽组，A0、A1 图纸的图框线为 1.4mm，A2、A3、A4 图纸的图框线为 1.0mm。

2. 相互平行的图线，其间隙不宜小于其中粗线的宽度，且不宜小于 0.7mm。

3. 虚线、点画线或双点画线的线段长度和间隙，宜各自相等。

4. 如图形较小，画点画线或双点画线有困难时，可用实线代替。

5. 点画线或双点画线的两端不应是点，点画线与点画线交接或点画线与其他图线交接时，应是线段交接。

6. 虚线与虚线交接或虚线与其他图线交接时，应是线段交接；虚线为实线段的延长线时，不得与实线连接。

7. 图线不得与文字、数字或符号重叠、混淆，不可避免时，应首先保证文字等的清晰。表 1-4 为图线交接的画法。

表 1-4　各类图线连接的方法

说　明	图　例	
	正　确	错　误
点画线相交时，应以长画线段相交		
虚线与虚线或与其他图线交接时，应是线段交接		
虚线为粗实线的延长线时不得以点画相接，要留有空隙以表示两种图线的分界		

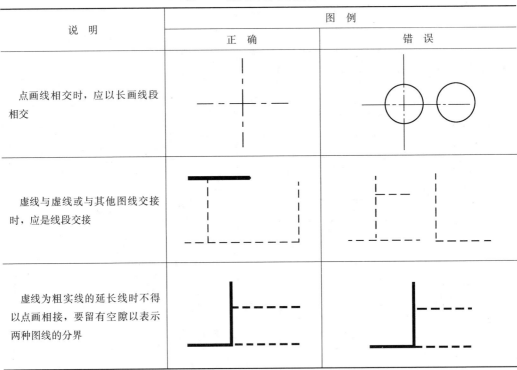

四、字体

图样和技术文件中书写的汉字、数字、字母或符号必须做到笔画清晰、字体端正、排列整齐、间隔均匀。字迹潦草，不仅影响图样质量，而且可能导致不应有的差错，给国家、集体造成损失。因此，一定要加强练习。

制图中常用的文字有汉字、阿拉伯数字及拉丁字母、罗马数字和希腊字母等。

(一)汉字

工程制图中常用的汉字宜采用长仿宋体。大标题可写成黑体字。文字的字高，应从如下系列中选用（mm）：3.5、5、7、10、14、20。如需书写更大的字，其高度应按 $\sqrt{2}$ 的比值递增。

1. 长仿宋字

长仿宋体的宽度与高度的关系应符合表1-5的规定。字间距约为字高的1/4，行间距约为字高的1/3。

表1-5 长仿宋字字高和字宽的关系（mm）

字高	20	14	10	7	5	3.5
字宽	14	10	7	5	3.5	2.5

（1）字体笔画。长仿宋字的笔画要横平竖直，注意起落。每一笔画的书写都应做到干净利落、顿挫有力，不应歪曲、重叠和脱节，并特别注意起笔、落笔和转折等关键，长仿宋字的基本笔画如图1-16所示。

（2）字体结构。一个字体，特别是汉字，各种笔画要正确布置，形成一个字的完美结构，其关键是各个笔画的相互位置。必须做到：各部分大小长短间隔合乎比例；上下左右匀称；各部分的笔画疏密要合适，仿宋字字例如图1-17所示。

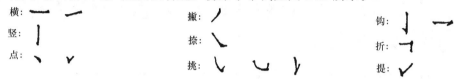

图1-16 仿宋字基本笔画

工土上下左右人民土工土上
园林制图地植物建筑园林制

图1-17 仿宋字字例

2. 黑体字

黑体字也称等线体，即笔画的粗细相等。黑体字的字形一般为正方形，且字形较大，显得醒目、有力，多用于大标题或图册封面，也常采用黑体字作标题。

书写黑体字时，应做到字形饱满有力、横平竖直；各种笔画的宽度相同，无起笔和落笔的笔锋。黑体字的基本笔画见表1-6，例字如图1-18所示。

表1-6 黑体字的基本笔画

横	竖	竖撇	斜撇	平撇	斜撇
━	❘	╱	╱	━	╱
左斜点	挑点	挑	平捺	顿捺	右斜点
╻	╱	━	⌣	⌣	╻
竖钩	左弯钩	右弯钩	竖平钩	折弯钩	折平钩
↲	⌋	⌊	⌊	⌐	⌐

景观工程项目
景观工程项目

图 1-18 黑体字字例

(二) 数字及字母

工程图样中的拉丁字母、阿拉伯数字与罗马数字,可根据需要写成直体或斜体。如需写成斜体字,其斜度应是从字的底线逆时针向上倾斜75°。斜体字的高度与宽度应与相应的直体字相等。数字和字母与汉字并列书写时,其字高应略小于汉字。

图 1-19 所示为数字和外文字母的直体和斜体字例。

1234567890

1234567890

ABCDEFGHIJKLMNOPQRS TUVWXYZ

A b c d e f g h i j k l m n o p q r s t u v w x y z

图 1-19 字母、数字字例

五、尺寸标注

(一) 尺寸组成的基本要素

图样上标注的尺寸由尺寸界线、尺寸线、尺寸起止号和尺寸数字四个基本要素所组成,如图 1-20 所示。

1. 尺寸界线

尺寸界线应由细实线绘制,从图形轮廓线、中心线或轴线引出,一般应与被注长度垂直,其一端应离开图样轮廓线不小于 2mm,另一端宜超出尺寸线 2~3mm,图样轮廓线、中心线可用作尺寸界线,如图 1-21 所示。

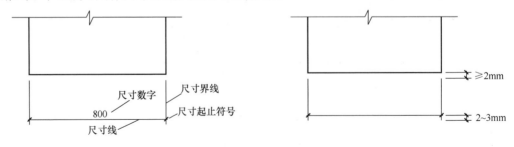

图 1-20 尺寸组成要素图   图 1-21 尺寸界线

2. 尺寸线

尺寸线应由细实线绘制,应与图样上被注轮廓线平行,图样本身的任何图线、中心

线等均不得用作尺寸线，也不能画在其他图线的
延长线上。距轮廓线最近的一道尺寸线与轮廓线
的间距不宜小于 10mm，互相平行两尺寸线间距
一般为 7～10mm。同一张图纸与同一图形上的
尺寸线的间距大小应当一致。尺寸线与尺寸线之
间，尺寸线与尺寸界线之间应尽量避免相交。因
此，在标注尺寸时，应将小尺寸放在里面，大尺
寸放在外面，如图 1-22 所示。

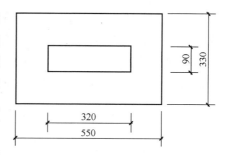

图 1-22　尺寸线

3. 尺寸起止符号

尺寸起止符号一般用中粗斜短线绘制，其倾斜方向应与尺寸界线成顺时针 45°角，
并过尺寸线与尺寸界线的交点，长度宜为 2～3mm，如图 1-23（a）所示。半径、直径、
角度与弧长的尺寸起止符号用箭头表示，如图 1-23（b）所示。尺寸界线过密时，尺寸
起止符号可用小圆点表示。

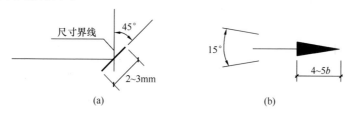

图 1-23　尺寸起止符号

4. 尺寸数字

图样的尺寸应以尺寸数字为准，不得从图上直接量取。图样上的尺寸单位，除标高
及总平面图以 m 为单位外，其他必须以 mm 为标准尺寸单位，但"毫米"或"mm"等
字样不注出，并按图 1-24 的规定注写。

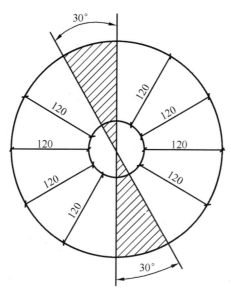

图 1-24　尺寸数字注写方向

尺寸数字一般应依据其方向注写在靠近尺寸线的上方中部，垂直尺寸注写在靠近尺寸线左方中部，字底靠近尺寸线，字头朝左。如没有足够注写位置，最外边尺寸数字可注写在尺寸界线的外侧，中间相邻的尺寸数字可错开注写，如图 1-25（a）所示。图线不得穿越尺寸数字，不可避免时，应将尺寸数字处的图线断开，如图 1-25（b）所示。

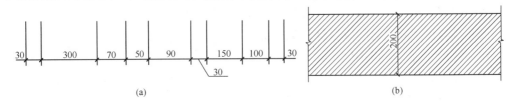

图 1-25　尺寸数字的注写位置

（二）尺寸标注法

1. 半径、直径的标注

半径尺寸标注线应一端从圆心开始，另一端画箭头指向圆弧，半径数字前应加注半径符号"R"，如图 1-26 所示。标注圆的直径尺寸时，直径数字前应加符号"ϕ"。在圆内标注的直径尺寸线应通过圆心两端画箭头指至圆弧，如图 1-27 所示。

图 1-26　半径的标注

2. 角度、弧长、弦长的标注

角度的尺寸线应以圆弧表示。该圆弧的圆心应是该角的顶点，角的两条边代表为尺寸界线。起止符号应以箭头表示，如没有足够的位置画箭头，可用圆点代替；角度数字，应按水平方向注写，如图 1-28 所示。

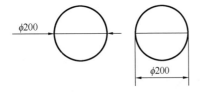

图 1-27　直径的标注

标注圆弧的弧长时，尺寸线应以该弧线的同心弧线表示，尺寸界线应垂直于该圆弧的弦，起止符号用箭头表示，弧长数字上方应加注圆弧符号"⌒"，如图 1-28 所示。

标注圆弧的弦长时，尺寸线应以平行于该弦的直线表示，尺寸界线应垂直于该弦，起止符号用中粗斜短线表示，如图 1-28 所示。

图 1-28　角度、弧长、弦长标注方法

3. 坡度标注

坡度常用百分数、比例或比值表示。坡向采用指向下坡方向的箭头表示，如图 1-29（a）、（b）所示，坡度百分数或比例数字应标注在箭头的短线上。在平面上还可以用示坡线表示，如图 1-29（c）所示。立面上常用比值标注坡度，除了用箭头标识外，还可以用直角三角形标识，如图 1-29（d）所示。

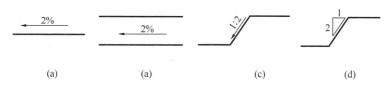

图 1-29　坡度的标注

4. 标高标注、曲线标注

标高标注有两种形式。一是将某水平面如室内地面作为起算零点，主要用于个体建筑物图样上。标高符号为细实线绘制的倒三角形，其尖端应指至被注的高度，倒三角的水平引伸线为数字标注线。标高数字应以 m 为单位，注写到小数点以后第三位。二是以大地水准面或某水准点为起算零点，多用在地形图和总平面图中。标注方法与第一种相同，但标高符号宜用涂黑的三角形表示，如图 1-30 所示，标高数字可注写到小数点以后第三位。

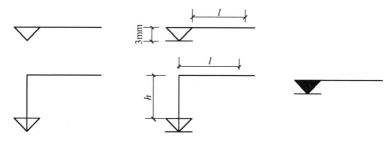

l—注写标高数字的长度，应做到注写后匀称；h—高度，据需要而写

图 1-30　标高标注

简单的不规则曲线可用截距法（又称坐标法）标注，较复杂的曲线可用网格法标注，如图 1-31 所示。用截距法标注时，为了便于放样或定位，常选一些特殊方向和位置的直线，如将定位轴线作为截距轴，然后用一系列与之垂直的等距平行线标注曲线。

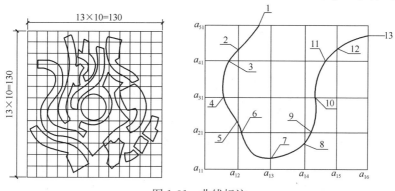

图 1-31　曲线标注

用网格标注较复杂的曲线时，所选用网格的尺寸应能保证曲线或图样的放样精度。精度越高，网格的边长应该越短。尺寸的标注符号与直线相同，但因短线起止符号的方向有变化，故尺寸起止符号常用小圈点的形式。

（三）常用符号

1. 索引符号

在绘制施工图时，为了便于查阅需要详细绘制和说明的某一局部或构件，应以索引符号索引。索引符号由直径 10mm 的细实线的圆和过圆心的水平细实线直径组成。如与被索引的详图同在一张图纸内，应在索引符号的上半圆中用阿拉伯数字注明该详图的编号，并在下半圆中间画一段水平细实线，如图 1-32（a）所示。索引出的详图，如与被索引的详图不在同一张图内，应在索引符号的上半圆中标注详图编号，下半圆中标注详图所在图纸的编号，如图 1-32（b）所示。

图 1-32　索引符号

索引出的详图，如采用标准图册，应在索引符号水平直径的延长线上加注该标准图册的编号，如图 1-32（c）所示。

如果用索引符号索引剖面详图，应在被剖切的部位绘制剖切位置线，并应以引出线引出索引符号，引出线所在的一侧应为剖视方向。被索引的详图编号应与索引符号编号一致，如图 1-33 所示。

详图符号以直径为 14mm 的粗实线圆表示。详图与被索引的图样同在一张

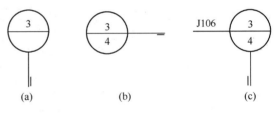

图 1-33　用于索引剖面详图的索引符号
（a）表示从右向左投影；（b）表示从下向上投影
（c）表示从左向右投影

图纸内时，应在详图符号内用阿拉伯数字注明该详图的编号，如图 1-34（a）所示。详图与被索引的图样不在同一张图内，应在详图符号的上半圆中标注详图编号，下半圆中标注被索引图样所在图纸编号，如图 1-34（b）所示。

2. 引出线

引出线宜采用水平方向或与水平方向成 30°、45°、60°、90°的细实线，文字说明可注写在水平线的上方，如图 1-35（a）所示；也可注写在水平线的端部，如图 1-35（b）所示。索引详图的引出线应对准索引符号圆心，如图 1-35（c）所示。

图 1-34　详图符号　　　　　　　图 1-35　引出线

图 1-36　共用引出线

同时引出几个相同部分的引出线可互相平行或集中于一点，如图 1-36 所示。路面构造、水池等多层标注的共同引出线应通过被引的诸层。文字可注写在端部或上方，其顺序应与被说明的层次一致，如图 1-37（a）所示。竖向层次的共同引出线的文字说明应从上至下顺序注写，且其顺序应与从左至右被引注的层次一致，如图 1-37（b）所示。

3. 比例

工程图纸中的建筑物或机械图中的机械零件，都不能按它们的实际大小画到图纸上，需按一定的比例放大或缩小，园林制图也是这样。图形与实物相对的线性尺寸之比称为比例。比例的大小，是指比值的大小，如 1∶50 大于 1∶100。

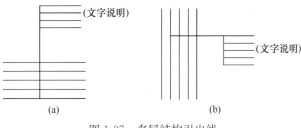

图 1-37　多层结构引出线

比例的选择，应根据图样的用途和复杂程度确定，并优先选用常用比例。

比例宜注写在图名的右侧，字的基准线应取平，比例的字高宜比图名的字高小一号或两号，如图 1-38 所示。

绘图所用的比例，应根据图样的用途与被绘对象的复杂程度进行选择。一般情况下，一个图样应选用一种比例。根据专业制图需要，同一图样可选用两种比例。特殊情况下也可自选比例，这时除应注写绘图比例外，还必须在适当位置绘制出相应的比例尺。

平面图 1:50　　　道路铺装平面图 1:10

图 1-38　比例的注写

4. 指北针和风玫瑰图

指北针的形状如图 1-39 所示，其圆的直径宜为 24mm，用细实线绘制；指针尾部的宽度宜为 3mm，指针头部应注"北"或"N"字。需用较大直径绘制指北针时，指针尾部宽度宜为直径的 1/8。

根据当地多年平均统计的十六个方向吹风次数的百分数值以同一比例而绘成的折线图形叫风向频率玫瑰图，如图 1-40 所示。图上所表示的风的吹向，是指从外面吹向地区中心的。图中粗实折线据中心点最远的顶点表示该方向吹风频率最高，成为常年主导风向。图中细虚折线表示当地夏季 6、7、8 三个月的风向频率，称为夏季主导方向。

图 1-39　指北针

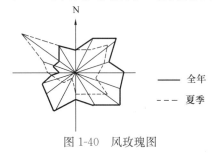

——　全年
---　夏季

图 1-40　风玫瑰图

任务实施

绘制 A3 图框、标题栏及图 1-41 所示图例。

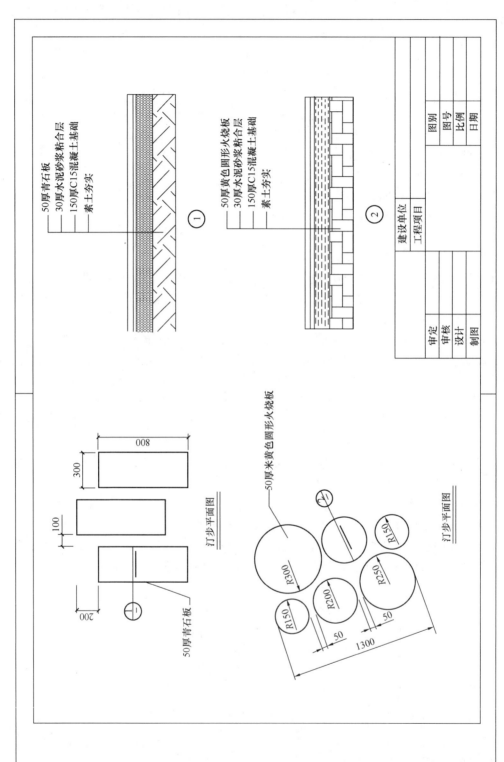

图 1-41　A3 图框、标题栏及图例

技能训练

技能训练一 工具线条图画法训练

1. 目的

掌握各种工具线条图的画法技巧，熟练绘制工具线条图。

2. 任务

抄绘如图 1-42 所示的工具线条图，并按工具线条图的画法方法和要求，完成工具线条图的绘制。

3. 步骤

1）分析图样内容和要求，选定图纸幅面，进行布局。

2）用 HB 或 H 铅笔画底稿，由上到下，由左到右。

3）用墨线笔描绘，先画粗线，后画细线，同线型一次完成。

图 1-42 工具线条图示例

技能训练二 字体练习

1. 目的

掌握工程制图中数字、字母、长仿宋字体的写法与基本要求。

2. 任务

用长仿宋字体书写图 1-43 所示的"设计说明"。

设计说明

一、设计依据

1. 经评审通过的方案及方案评审意见。

2. 甲方提供的规划图、基址现状图等资料。

3. 国家现行的有关法规、规范、规定。

二、工程概况

小区北临万泉路，西接城市河流，南靠南屏路，东倚东环路。小区规划范围用地 35.35 公顷，地上建筑面积约 44 万平方米，地下建筑面积约 6 万平方米，小区绿地率 45%。

三、设计理念

1. 贯彻"以人为本"的思想，充分考虑不同年龄层次居民的活动需求，提供不同性质、功能、尺度的交往空间，供居民户外交往、休憩、娱乐，以提高居民的生活品质。

2. 以景观生态学的理论为指导，充分发挥绿地对居住环境的改善作用。运用植物的多样性及各种形态、形式，最大限度地增加绿量。

3. 把当地特色融入现代景观创造中。通过地方材质的应用，体现当地特色，同时以现代材质，体现时代气息。

四、园林小品设计

园林小品的设计力求在造型、体量、色彩和材料上均与小区总体环境的立意和绿地效果相协调，同时突出园林小品的个性。园林建筑和小品利用自然材料、人工材料相结合，两者相互衬托。设计追求形体的简洁与流畅，并突出材料的"自然美"和质感。

五、绿化种植设计

1. 植物配植时按景观生态学的理论进行布置，建成符合自然生态、群落的景观，最大限度地增加绿视率和绿量，提高生态质量。

2. 在植物材料的使用上突出各季的特色景观。春季的繁花；夏季的浓荫；秋季的绚烂；冬季的苍翠。

3. 利用构架结合绿化，用攀援植物增加绿量。

图 1-43　仿宋字书写练习字例

3. 要求

1）按表 1-5 长仿宋字字高和字宽的关系确定仿宋字体的大小，根据字间距约为字高的 1/4，行间距约为字高的 1/3，画出铅笔框。

2）按图 1-16 仿宋字基本笔画和仿宋字主要笔画的运笔特征的要求书写仿宋字。

3）笔画清晰，横平竖直，起落有锋；结构匀称，间架合理，填满方格；书写端正，字体端正，符合规范；间隔均匀，间距相等，字宽适当；排列整齐，斜体直体，整齐一致。

4. 字体练习方法

长仿宋体具有笔画粗细一致、起落转折顿挫有力、笔锋外露、棱角分明、清秀美观、挺拔刚劲又清晰易辨的特点，是工程图样上最适宜的字体。

长仿宋体字的书写，需要经常耐心地练习，才能写好。建议每天练习写几行仿宋字，直到练好为止。练字时要先掌握运笔和基本笔画，再练偏旁、部首，然后再练习仿宋字的整体结构。开始练字时，先用铅笔在字帖上练。字帖纸用完后，自己按制图标准所规定的字号画格子，再继续练习。当铅笔字练到一定程度，掌握各类字形的书写要领后，开始练钢笔字，即将描图纸覆盖在衬格纸上，用小钢笔蘸黑墨水练钢笔字。字体书写练习，要持之以恒。

技能训练三　尺寸标注和索引练习

1. 目的

熟练掌握几种常用的标注和索引方法。

2. 任务

绘制 A3 图框和标题栏；抄绘图 1-44 图样，练习常见尺寸标注和索引。

3. 绘图步骤

1）准备工作。准备制图仪器与用具，画图前（或削铅笔后）要将手洗干净。

2）用铅笔绘底稿。

3）用铅笔加深图样。

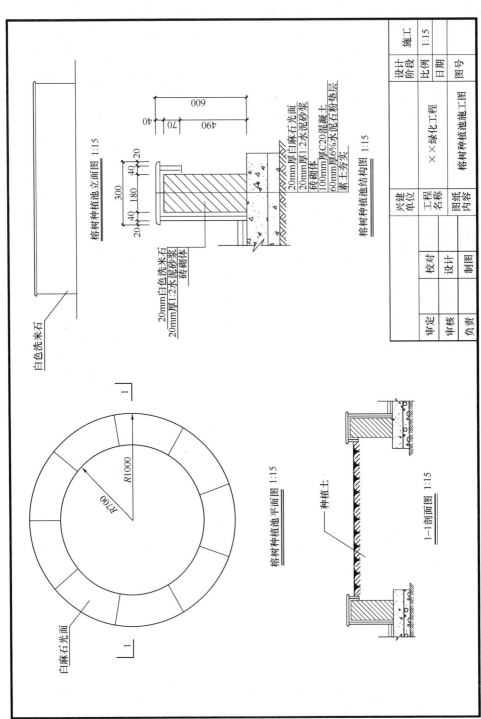

图1-44 尺寸标注和索引练习示例

项目二　投影作图

【内容提要】

在工程图纸中，所有图样都是根据一定的投影法则绘制的，投影的原理是绘制各种工程图纸的基础。通过本项目的学习，学生能够掌握三视图的投影规律和绘制方法，能正确绘制工程体的平、立、剖面图。

【知识目标】

理解投影的概念。

了解正投影的特性。

掌握三视图的投影规律和绘制方法。

掌握投影图的识读方法。

掌握剖面图和断面图的画法及应用条件。

【技能目标】

能画出基本形体的三视图。

能正确绘制工程体的平、立、剖面图并进行尺寸标注。

能依据投影图想象出空间形体的形状和大小。

任务一　三面正投影图的绘制

 相关知识

一、投影的概念及分类

(一) 投影的概念

光线（灯光或阳光）照射物体，在墙面或地面上会产生物体的影子，并且影子的大小、形状会因光线照射的角度和距离而发生变化，如图 2-1 所示。

制图中投影的概念就是从这种常见的自然现象中总结、抽象而得到的。这时，我们把产生光线的光源叫做投影中心，光线叫做投影线，承受落影的平面叫做投影面，物体的外轮廓在投影面上产生的影子称为该物体的投影图，也叫投影，如图 2-2 所示。

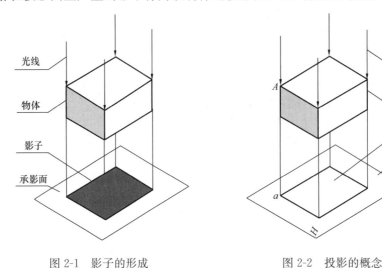

图 2-1　影子的形成　　　　　图 2-2　投影的概念

(二) 投影的分类

根据光源的不同，可将投影分为中心投影和平行投影两大类。

1. 中心投影

投影线由一点放射出来（例如灯光），所得到的投影为中心投影，如图 2-3（a）所示。在中心投影中，投影线相交于一点。这种投影的方法，称为中心投影法。由中心投影法所得到的投影图具有较好的立体感，接近人们的视觉印象，具有较强的直观性。在园林制图中，运用中心投影可以绘制透视图。

2. 平行投影

物体在平行的投影线（当投影中心无限远时）照射下所形成的投影称为平行投影，这种投影的方法，称为平行投影法。在平行投影中，投影线互相平行。根据平行的投影线与投影面是否垂直，平行投影又可分为两种：

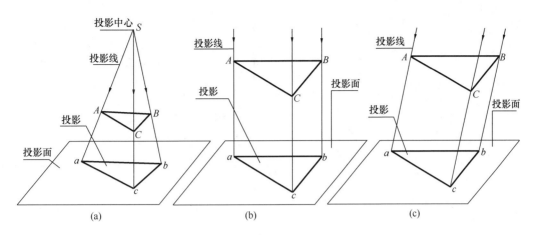

图 2-3 投影的分类

（a）中心投影；（b）平行正投影；（c）平行斜投影

1）正投影 平行的投影线与投影面垂直相交所形成的投影称为正投影，如图 2-3（b）所示。制图中，运用正投影的原理，可以绘制形体的三面正投影图和正轴测投影图等。

2）斜投影 平行的投影线与投影面斜交所形成的投影为斜投影，如图 2-3（c）所示。制图中运用斜投影的原理可以绘制斜轴测投影图。

一般的工程图纸，大都是按照正投影的原理绘制的。例如常用的平面图、立面图等。因此正投影的原理是工程制图的主要绘图原理。那么研究正投影的投影特性，掌握正投影的基本规律就非常重要了。

二、正投影的基本规律

任何形体都可以看成是由点、线、面组成的。因此，研究形体的正投影规律，可以从分析点、线、面的正投影的基本规律入手。

（一）点、线、面的正投影

1. 点的正投影规律

点的正投影仍为一点，如图 2-4 所示。

2. 直线的正投影规律

1）当直线平行于投影面时，其投影仍为直线，并且反映实长，$AB=ab$，如图 2-5（a）所示。

2）当直线垂直于投影面时，其投影积聚为一点，如图 2-5（b）所示。

3）当直线倾斜于投影面时，其投影仍为直线，但其长度缩短，$ab<AB$，如图 2-5（c）所示。

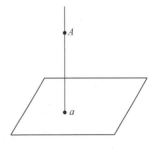

图 2-4 点的正投影

4）直线上一点的投影，必在该直线的投影上，如图 2-5（b）所示中，C 在 AB 上，则 C 的投影 c 必在 AB 的投影 ab 上。

5）一点分直线为两线段，则两线段之比等于两线段投影之比，如图 2-5（a）、（c）所示，$ac:ab=AC:AB$。

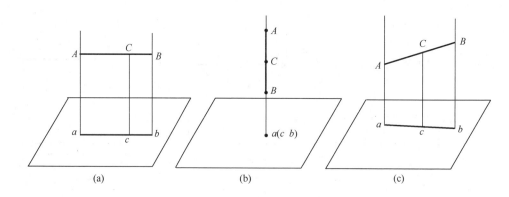

图 2-5　直线的正投影

3. 平面的正投影规律

1）当平面平行于投影面时，其投影仍为平面，并反映实形，即形状、大小不变 $S（ABCD）=S（abcd）$，如图 2-6（a）所示。

2）当平面垂直于投影面时，其投影积聚为一条直线，如图 2-6（b）所示。

3）当平面倾斜于投影面时，其投影仍为平面，但面积缩小，$S（abcd）＜S（ABCD）$，如图 2-6（c）所示。

4）平面上一直线的投影，必在该平面的投影上，如图 2-6（a）、（c）所示中，直线 EF 在平面 $ABCD$ 上，则 ef 必在平面 $abcd$ 上。

5）平面上一直线分平面的面积比等于其投影所分面积比，如图 2-6（a）、（c）所示，$S（ABFE）：S（ABCD）=S（abfe）：S（abcd）$。

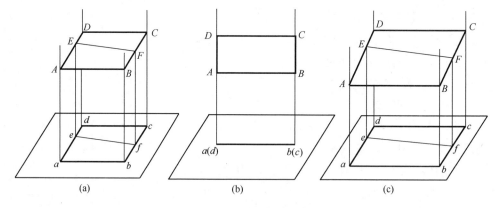

图 2-6　平面的正投影

（二）正投影的基本规律

综上所述，由点、线、面正投影的规律，可以总结出正投影的基本规律：

1. 实形性

直线（或平面图形）平行于投影面，其投影反映实长（或平面实形）。

2. 积聚性

直线（或平面图形）垂直于投影面，其投影积聚为一点（或一直线）。

3. 相仿性

直线（或平面图形）与投影面倾斜，其投影缩短（或面积缩小），但与原来的形状相仿。

4. 从属性

点在直线上，则点的投影必在直线的投影上；点（或直线）在平面上，则点（或直线）的投影必在该平面的投影上。

5. 定比性

点分线段所成的比例，等于点的正投影所分线段的正投影的比例；直线分平面所成的面积比，等于直线的正投影所分平面的正投影的面积比。

三、三面正投影图

图样是工程施工操作的依据，应尽可能地反映物体的形状和大小。对于空间物体，如何才能准确而全面地表达出它的形状和大小，并且能够按图进行施工呢？如图 2-7 所示，在空间上有两个不同形状的物体，它们分别向水平投影面 H 和正立投影面 V 投影，其投影图都是相同的，因此，在正投影中，形体在一个或两个投影面内的投影，一般是不能真实反映空间物体的形状和大小的，因为任何物体都具有长、宽、高三个方向的尺寸。如果将物体只向一个或两个投影面投影，就只能反映它一个面或两个面的形状和大小，不能完整地表示出

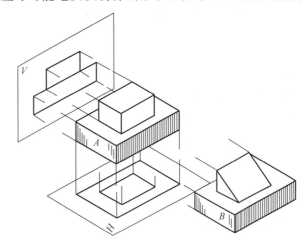

图 2-7　形体的一个或两个投影不能确定物体的形状和大小

它的形状和大小。所以，为了完整地表达形体的三维结构，需要建立一个三面投影体系。

（一）三面正投影图的建立

通过上述分析可知，对于空间物体，需要三面投影才能准确而全面地表达出它的形状和大小。如图 2-8 所示，H、V、W 面组成三面投影体系，三个互相垂直的投影面中，水平放置的投影面 H 称为水平投影面；正对观察者的投影面 V，称为正立投影面；右面侧立的投影面 W，称为侧立投影面。这三个投影面分别两两相交，交线称为投影轴。其中，H 面与 V 面的交线称为 OX 轴；H 面与 W 面的交线称为 OY 轴；V 面与 W 面的交线称为 OZ 轴。不难看出，OX 轴、OY 轴、OZ 轴是三条相互垂直的投影轴。三个投影面或三个投影轴的交点 O，称为原点。将形体放置于三面投影体系中，按正投影原理向各投影面投影，可得到形体的水平投影（或 H 投影）、立面投影（或 V 投影）、侧面投影（或 W 投影），如图 2-9 所示。

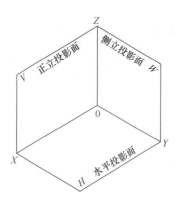

图 2-8　三面投影的建立

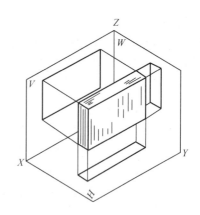

图 2-9　三面投影的展开

（二）三面正投影的展开

按照上述方法在三个互相垂直的投影面中画出形体的三面投影图分别在 H 面、V 面、W 面三个平面上，为了方便作图和阅读图样，实际作图时需将形体的三个投影表现在同一平面上，这就是需要将三个互相垂直的投影面展开在一个平面上，即三面投影图的展开。展开三个投影面时，规定正立投影面 V 固定不动，将水平投影面 H 绕 OX 轴向下旋转 $90°$，将侧立投影面 W 绕 OZ 轴旋转 $90°$，如图 2-10（b）所示。这样，三个投影面位于一个平面上，形体的三个投影也就位于一个平面上。

三个投影面展开后，三条投影轴成为两条垂直相交的直线，原 OX 轴、OZ 轴位置不变，原 OY 轴则被一分为二，一条随 H 面转到与 OZ 轴在同一铅垂线上，标注为 OY_H；另一条随 W 面转到与 OX 轴在同一水平线上，标注为 OY_W 以示区别，如图 2-10（c）所示。

由 H 面、V 面、W 面投影组成的投影图，称为形体的三面投影图。如图 2-10（c）所示。

投影面是假想的，且无边界，故在作图时可以不画其外框，如图 2-10（d）所示。在工程图纸上，投影轴也可以不画。不画投影轴的投影图，称为无轴投影，如图 2-11 所示。

（三）三面正投影的规律

1. 三面投影的位置关系

以正面投影为基准，水平投影位于其正下方，侧面投影位于其正右方，如图 2-10（c）所示。

2. 三面投影的"三等"关系

我们把 OX 轴向尺寸称为"长"，OY 轴向尺寸称为"宽"，OZ 轴向尺寸称为"高"。从图 2-10（c）所示中可以看出，水平投影反映形体的长与宽，正面投影反映形体的长与高，侧面投影反映形体的宽与高。因为三个投影表示的是同一形体，所以无论是整个形体，或者是形体的某一部分，它们之间必然保持下列联系，即"三等"关系：水平投影与正面投影等长且要对正，即"长对正"；正面投影与侧面投影等高且要平齐，即"高平齐"；水平投影与侧面投影等宽，即"宽相等"。

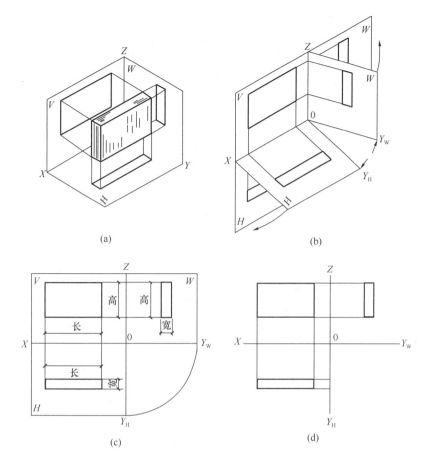

图 2-10　三面投影体系的展开与三面投影

3. 三面投影与形体的方位关系

形体对投影面的相对位置一经确定后，形体的前后、左右、上下的方位关系就反映在三面投影图上。由图 2-12 所示中可以看出，水平投影反映形体的前、后和左、右的方位关系；正面投影反映形体的左、右和上、下的方位关系；侧面投影反映形体的前、后和上、下的方位关系。

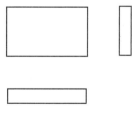

图 2-11　无轴投影

四、组合体投影图的绘制

由基本几何体组成的形体称为组合体。在建筑工程制图中，通常把建筑形体或组合体在投影面上的投影称为视图，即把三面投影图称为三面视图（简称三视图），形体的水平投影称为平面图，形体的正面投影称为正立面图，形体的侧面投影称为左侧立面图。

（一）组合体的形成分析

要画组合体的投影图，一般先要对它进行分解，即把较复杂的组合体分解为若干个基本几何体，这种方法称为形体分析法。它是画图、读图、标注尺寸的基本方法。如图 2-13 所示，此室外台阶由边墙、台阶、边墙三部分组成，形体左右对称。

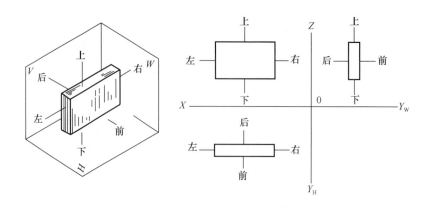

图 2-12　投影方位在三面投影上的反映

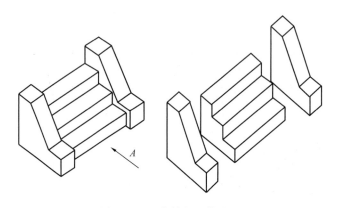

图 2-13　组合体的形体分析

（二）选择投射方向

1. 将物体摆正，安放平稳，考虑形体的工作状况，尽量让较多的表面与投影面平行或垂直。

2. 确定正立面图的投影方向，确定正立面图的投影方向应综合考虑以下问题：

1）反映物体的主要面，例如将主要出入口所在的面作为正面；

2）反映物体的形状特征；

3）反映出物体较多的组成部分，尽可能减少视图中的虚线。

按照以上原则选定室外台阶的投影方向，如图 2-13 所示。

（三）画图步骤

1. 选取画图比例，确定图幅。根据物体的大小和复杂程度并保证图样清晰，应优先选用常用比例，然后是可用比例。选比例、定图幅时要留有余地，以便标注尺寸。

2. 布图，画基准线。布置视图就是画出各视图的对称线、轴线、中心线和基准轮廓线，使各视图间隔恰当，图面匀称，如图 2-14（a）所示。

3. 绘制视图的底稿。根据物体投影规律，按形体分析，先画出主要形体，后画次要形体；先画形体的基本轮廓，最后完成细节，如图 2-14（b）、（c）所示。

4. 检查，描深。检查无误后，可按规定的线型进行加深，如图 2-14（d）所示。

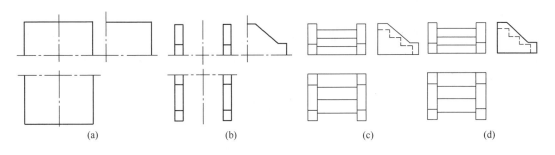

图 2-14　组合体画图步骤

（四）组合体投影图的尺寸标注

组合体尺寸标注的基本要求是完整、清晰、合理，如图 2-15 所示。

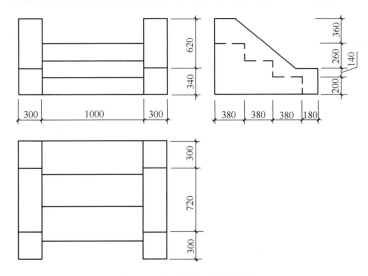

图 2-15　组合体的尺寸标注

1. 尺寸的分类

标注组合体的尺寸时，应先对物体进行形体分析，然后按顺序标注出其定形尺寸、定位尺寸和总尺寸。

1）定形尺寸：确定物体各组成部分的形状、大小的尺寸。

2）定位尺寸：确定物体各组成部分之间的相对位置的尺寸。

3）总尺寸：确定物体的总长、总宽和总高的尺寸。

2. 尺寸标注的方法

1）尺寸一般宜注写在反映形体特征的投影图上。

2）尺寸应尽可能标注在图形轮廓线外面，不宜与图线、文字及符号相交；但某些细部尺寸允许标注在图形内。

3）表达同一几何形体的定形、定位尺寸，应尽量集中标注。

4）尺寸线的排列要整齐。对同方向上的尺寸线，组合起来排成几道尺寸，从被注图形的轮廓线由近至远整齐排列，小尺寸线离轮廓线近，大尺寸线应离轮廓线远些，且尺寸线间的距离应相等。

5）尽量避免在虚线上标注尺寸。

 任务实施

求作如图 2-16 所示台阶模型的三视图并标注尺寸。

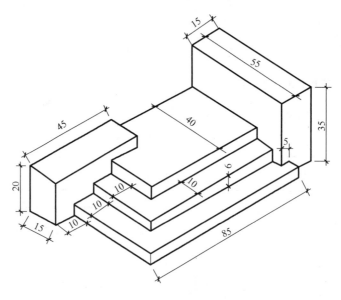

图 2-16　台阶模型

任务二　剖面图和断面图的绘制

相关知识

一、剖面图和断面图的形成

（一）剖面图的概念

如图 2-17 所示，我们用一个假想的平行于某一投影面的剖切平面，把物体切成两

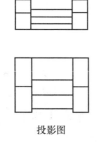

投影图

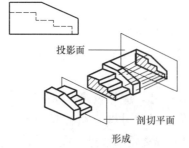

投影面

剖切平面

形成

手机扫码
观看教程

手机扫码
观看教程

图 2-17　剖面图的形成与绘制，台阶三面投影图的绘制

部分，然后移去观者和剖切平面之间的一部分，将剩下的另一部分向该投影面进行投影所得到的投影图称为剖面图。

（二）断面图的概念

如图 2-18 所示，我们用一个假想的平行于某一投影面的剖切面把物体剖开，画出剖切平面与形体截切后所得到的断面图形的投影图称为断面图。

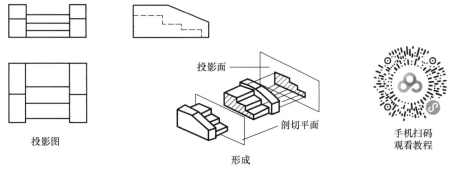

投影图　　　　　　　投影面　　　　　剖切平面　　　手机扫码
　　　　　　　　　　　　　　　形成　　　　　　　观看教程

图 2-18　断面图的形成与绘制

二、剖面图与断面图的区别

剖面图与断面图具有如下区别：

1. 断面图只画出了形体被剖切后截断面的投影；而剖面图则要画出形体被剖切后整个余下部分的投影。即剖面图必包含断面图，而断面图不可能包含剖面图。如图 2-19 所示。

2. 剖面图是被剖切后形体的投影（"体"的投影）；而断面图只是一个截口的投影（"面"的投影）。

3. 剖面图中的剖切平面可转折和旋转；断面图中的剖切平面则不转折，也不旋转。

4. 剖面图与断面图的标注亦不尽相同。

三、剖面图的画法

（一）剖切平面位置的确定

剖切平面的位置，决定了剖面图的形状。因此，画剖面图时，首先要选择剖切平面的位置。剖切平面位置的选择，要根据所绘形体的特征，一般应选在对称面上或者通过孔、槽等的中心线，并且要平行于某一投影面。

（二）剖面图的标注

为了读图方便，需要用剖面的剖切符号把所画的剖面图的剖切位置和剖视方向，在投影图上表示出来。同时，还要给每一个剖面图加上编号，以免产生混乱。对剖面图的标注方法规定如下：

1. 用剖切位置线表示剖切平面的剖切位置

剖切平面既然是投影面的平行面，那么在它所垂直的投影面上的投影就会积聚成一条直线，这条直线表示出了形体被剖切的位置，称为剖切位置线，简称剖切线。不过规定它只用两小段粗实线（长度为 6～10mm）表示，并且不宜与图面上的图线相接触。如图 2-20 所示。

033

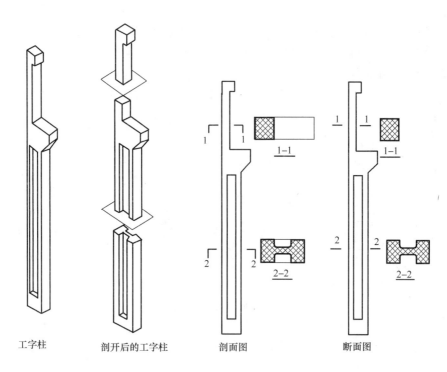

工字柱　　　剖开后的工字柱　　　剖面图　　　断面图

图 2-19　剖面图和断面图的区别

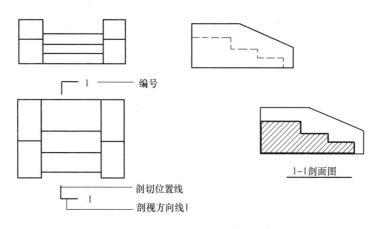

图 2-20　剖面图的画法

2. 剖切断面的画法

　　形体被剖切后，为了区别剖面图中剖到部分和看到部分，规定形体被剖切后的断面轮廓线用粗实线画出，未剖到的那部分形体的轮廓线常画成中实线。同时，为了图形清晰，在断面轮廓范围内画上 45°倾斜的间隔相等的细实线，即剖面线。若指明了材料类型则应画出建筑材料图例。如图 2-21 所示。

　　在画剖切断面时，还应注意以下几点：

　　（1）剖面线可左倾斜，亦可右倾斜，但同一形体应一致。

　　（2）图形窄小面的断面，可将其涂黑，但相邻构件接触面的邻连部位必须留缝隙，如图 2-22 所示。

（3）形体被剖切后的不可见线，一般不需画出；但对没有表示清楚的内部形状仍应画上必要的虚线。

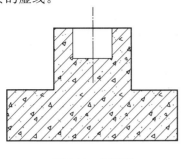

图 2-21 剖面图

图 2-22 相邻涂黑图例的画法

3. 确定剖视方向

剖切后的剖视方向用垂直于剖切位置线的短粗线（长度为 4～6mm）来表示。短粗线如画在剖切位置线的右边表示向右边投影。如图 2-20 所示。

4. 剖切符号的编号

编号宜采用阿拉伯数字，按顺序从左到右、由上至下连续编排，并注写在剖视方向线的端部。如剖切位置线需转折时，在转折处如与其他图线发生混淆，应在转角的外侧加注与该符号相同的编号，如图 2-23 中的 3-3 所示。

剖面图如与被剖切图样不在同一张

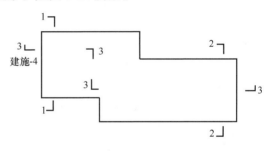

图 2-23 剖切符号和编号

图纸上，可在剖切位置线的一侧注明其所在图纸的图纸号，如图 2-23 中的 3-3 剖切位置线右侧注写"建施-4"，即表示 3-3 剖面图画在建施第 4 号图纸上。

对习惯使用的剖切符号（如画房屋平面时，通过门、窗洞的剖切位置符号），以及通过构件对称平面图的剖切符号，可以不在图上作任何标注。

四、断面图的画法

在断面图中，剖切平面位置的确定及图线的应用和剖面图相同。

断面图中剖切符号是由剖切位置线与剖切编号组成的。剖切位置线的画法同剖面图；编号用阿拉伯数字标在剖切位置线的一侧，并且编号数字所在的一侧，就表示断面图的投影方向。

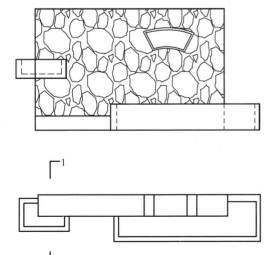

图 2-24 景墙平立面图

 任务实施

求作图 2-24 中 1-1 剖面图和断面图。

技能训练

技能训练一　绘制形体的三面投影图

1. 目的

掌握在三面投影体系中画几何体投影的方法；提高学生用三面投影体系表现几何体的水平，培养学生作三面投影图的能力。

2. 任务

绘制如图 2-25 所示形体模型的三面投影图（尺寸按 1∶1 量取）。

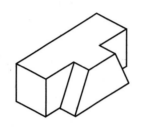
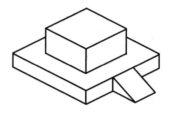

图 2-25　形体模型

3. 步骤

1）分析每个形体的特点，思考其每个投影面上投影的形状。

2）确定绘图比例。

3）绘制每个图形三面投影体系图的轴线，确定每个投影图的位置。

4）绘制其每个面的投影，标注尺寸并注写标题栏。

技能训练二　绘制纪念碑模型的三视图并标注尺寸

1. 目的

掌握用正投影表达空间物体的图示法及绘制要求；能阅读和绘制形体的三视图。

2. 任务

绘制如图 2-26 所示纪念碑模型的三视图并标注尺寸。

3. 要求

1）绘制的图样应做到投影正确，图线正确，尺寸完整清晰，字体工整。

2）视图在图面要合理布置，保证图面整洁工整。

手机扫码
观看教程

技能训练三　抄绘长条坐凳剖面图

1. 目的

了解剖面图在园林景观中的应用，掌握景观剖面图的绘制方法。

2. 任务

抄绘如图 2-27 所示的长条坐凳剖面图。

3. 步骤

读图，确定绘制比例，绘制长条坐凳剖面图。

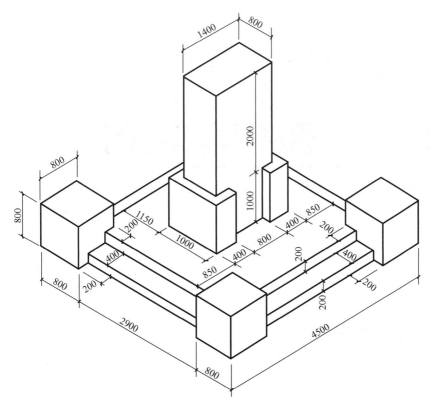

图 2-26　纪念碑模型

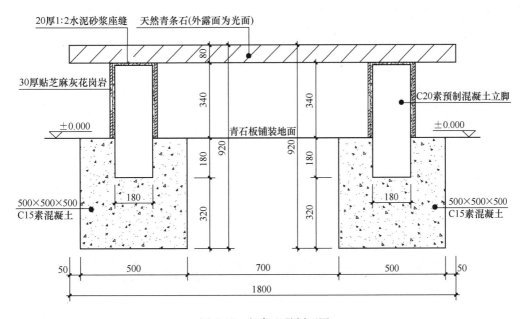

图 2-27　长条坐凳剖面图

项目三　园林要素表现技法

【内容提要】

园林图无论怎样分类，它们所表现的内容都是园林植物、山石、水体、园林建筑及小品。所以，学习这些造园要素的画法是绘制园林图的基础。通过本项目的学习，学生能够掌握造园要素的画法。

【知识目标】

了解园林植物、山石、地形、道路、水体的一般特点。

掌握园林植物、山石、地形、道路、水体的表现技法。

【技能目标】

能形象表现园林植物、山石、地形、道路、水体。

能熟练绘制园林植物、山石、水体的平面、立面图。

能熟练绘制园林地形、道路、水体的平面图。

能绘制园林地形、道路剖（断）面图。

任务一　园林植物的表现技法

相关知识

园林植物是园林中应用最多的造园要素，也是最重要的造园材料。既可单独成景，又是园林其他景观不可缺少的衬托。根据它们在园林中的表现要求，可以将其分为乔木、灌木、攀缘植物、竹类、绿篱、花卉和草地七大类。绘制园林植物的基本笔法如图3-1所示。

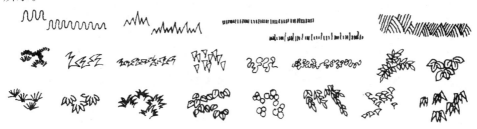

图 3-1　园林植物绘制的基本笔法

一、园林植物的平面表现技法

园林植物的平面图是指园林植物的水平投影图，如图 3-2 所示。一般采用图例概括地表现，其方法是用一个圆圈表示树木成龄以后树冠的形状和大小，在圆心用大小不同的黑点表示树木的定植位置和树干的粗细。

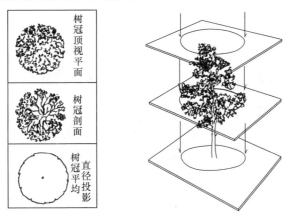

图 3-2　树木平面表现的说明

为了能够更形象地区分不同种类的植物，常用不同形状的树冠线形来表示。

如灌木丛一般多为自由变化的变形；乔木多采用圆形，圆形内的线可依树种的相关特色进行绘制，如针叶树多采用从圆心向外辐射的放射线或边缘锯齿的形态，阔叶树多采用各种丰富的平面树形，热带大叶树又多用大叶形的图案表现。但有时亦完全不顾及树种的外部形态而纯以图案进行表现，如比较小的灌木没有多少表现空间的可用圆圈进行表现。

1. 树木平面的基本类型

根据不同的表现手法将树木划分成以下几种基本平面类型：

轮廓型：树木平面只用线条勾勒出轮廓，线条可粗可细，轮廓可光滑，也可带有缺口和凸尖。

枝干型：在树木平面图中用线条的组合表现树枝或枝干的分叉。

枝叶型：在树木平面图中既表现分枝又表现冠叶，树冠可用轮廓表现，也可用质感的线条加以体现。这种类型可以看做是其他类型的组合。如图 3-3 所示。

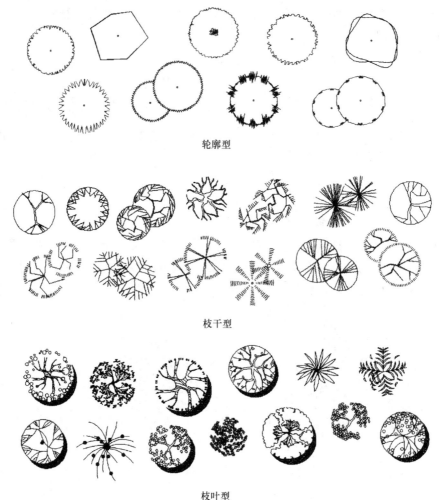

轮廓型

枝干型

枝叶型

图 3-3　树木平面的三种表现类型

　　对所表现树木的平面树冠的大小，如果没有特别的要求，一般从下述几个方面考虑确定：

　　（1）若表现工程施工以后的图面平面效果，则按苗木出圃时规格绘出，一般取干径 1～4cm，树冠径为 1～2m；

　　（2）若表现现状树，则根据实际现状树的大小按图纸的比例绘出；

　　（3）原有大树、孤立树，可根据图纸的表现要求，将树冠直径绘得大一些。

　　2. 树木阴影的平面表现

　　树木的平面阴影是树木重要的表现方法，它可以增加图面的对比效果，使图面明快、有生气。树木的地面落影和树木的形状、光线的角度及地面条件有关系，在园林图中常用落影图表现，有时也可以根据树形稍稍做些变化。

　　作树木的平面落影的具体方法可参考整个图纸的方位先确定平面光线的方向，定出落影量，以等圆作树冠圆和落影圆，然后擦去树冠下的落影，将其余的落影涂黑，并加以表现，对不同质感的地面可采取不同的树冠落影的表现方法，如图 3-4 所示。

3. 树木平面图绘图程序

树木平面图绘图程序如图 3-5 所示。

第一步：先确定树木在平面图中的种植点的坐标位置，用圆规按比例绘出辅助圆。

第二步：根据树木的自身形态，用特细笔依据辅助圆绘出树例轮廓。

第三步：绘制树例细部，增加质感。

第四步：根据树影的绘图方法绘出树影，完成绘图。

图 3-4　树木阴影表现　　　　　　　　图 3-5　绘制树例程序

4. 不同类别植物的表现手法

1）针叶树的表现

园林中针叶树较多，如雪松、云杉、圆柏、侧柏、黑松、油松、华山松等，可以分成有落叶和不落叶之分，形态变化也较大，但针对针叶树叶通常针刺状较多，可以根据其外形特征，通常选择一些外周有锯齿的平面树形，如图 3-6 所示。

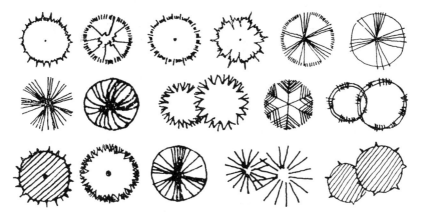

图 3-6　常用针叶树平面树例

落叶的常绿树通常中部留空，另外，为区别常绿或落叶乔木与灌木，在同一图样中，可以在树冠线平面符号内画出相互平行的且间隔相等或有渐变变化的 45°细实线，但要注意斜线要有疏有密、虚实相间。绘图时可按前述绘制树木大小的基本原则进行掌握，如绘制景观效果比较好时期其平面表现图，关于树木的平面直径的大小通常据该树盛龄时的冠径大小为参考，根据比例尺画出其大小，如雪松盛龄时冠径 6～8m，云杉 4～5m、圆柏 2m 左右，如果该图比例尺 1∶200，则其大小依次为直径 3～4cm、2～2.5cm、1cm 左右，在表现时也应非常灵活。

如果是手工表现图，则应强调手工线条的艺术性，线条要活。

如果是工具图（包括机绘图和工具线条图），则要画得比较规范，一般先用圆规进行辅助绘图，按照冠径和比例尺的大小，先画出辅助圆，然会再用特细钢笔画出圆的外部锯齿，如果比较熟练，也可以直接用特细钢笔画锯齿树例。

2）阔叶树的表现

阔叶树树形较丰富，平面树形选择的余地也较多。在选择树形时要注意，要选择和其树形（包括枝叶等局部形态）相类似的平面树形，特别对于外部形态较特殊的树木，如垂柳、银杏等。在绘制时要特别注意，其大小和画针叶树时相同，同时要注意排线的疏密变化，平面树形也要通过线条的编排反映出黑白灰的变化，体现其体积感和空间感。

阔叶树的树冠线一般为圆弧线或波浪线，且常绿的阔叶树多表现为浓密的叶子，并在树冠内加画平行斜线，落叶的阔叶树冬态多用分枝形或枝叶形表现。如图 3-7 所示。

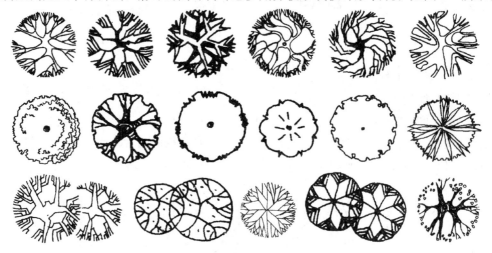

图 3-7　常用阔叶树平面树例

3）树林、树群的表现

树林、树群也是园林设计平面图表现中常见到的一种种植形式，在绘图时特别对于大比例尺的平面图，如 1∶200、1∶250 的平面图，树林、树群表现更要到位。树林、树群也是由一棵棵树组成的，一般先确定其种植点的位置，再依据树木的大小和形态、比例尺画出其大小和树形，注意单棵树之间的大小变化，形成对比，但同种树不宜差别太大，对比太强烈。树和树之间的间距，树冠和树冠之间的交叉重叠，是等距规则种植形成的行列树阵，还是自然种植形成的自然片林，都要严格按照设计者的设计意图来进行表现。如图 3-8 所示。

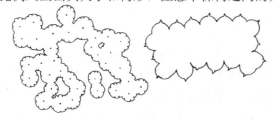

图 3-8　树林、树群的表现

4) 丛植灌木、竹类、花丛、花境的表现

灌木、竹类、花卉多以丛植为主，其平面画法多用曲线较自由地勾画出其种植范围，并在曲线内画出能反映其形状特征的叶子或花的图案加以装饰。花丛、花境的外部边缘不像树群、树丛那样严格，比较随意，在实际中很难分清楚其种植边缘，通常用下列图形表现。如图 3-9 所示。

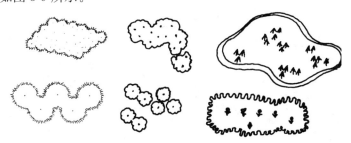

图 3-9 灌木、竹类、花丛、花境表现

5) 绿篱、模纹的表现

在园林设计造景中，人们为了分隔、防护和装饰周围环境，将耐修剪、耐整形、生长较慢的植物材料如紫叶小檗、雀舌黄杨、金叶女贞、红王子锦带、绣线菊、水腊、珊瑚树、卫矛、平枝枸子、茶树等植物成行密植成绿篱，以代替篱笆、栏杆和墙垣。由于绿篱是成行密植，株多丛小、枝多叶密，故一般不用精确的写生法描绘，而多用图案法表现。在园林中绿篱、模纹比较多，表现时方法也较多。

绿篱按其所选用的树种可分为针叶绿篱、阔叶绿篱和花篱，并有常绿及落叶之分。常绿绿篱可分为修剪与不修剪两种情况，常绿修剪绿篱与不修剪绿篱在平面图上表现的异同点是：两种都用斜线或弧线交叉表现，但由于修剪绿篱外轮廓修剪得比较整齐，所以一般用带有折扣的直线绘出，而不修剪绿篱由于外轮廓线不整齐，因此用较自然曲线绘出。如图 3-10 所示。

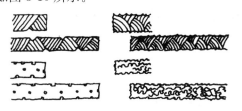

图 3-10 绿篱的平面表现

图 3-11 攀援植物的平面表现

6) 攀援植物的平面表现

攀援植物必须依附于其所要装饰的建筑小品生长（如花架、景墙等），因此，其画法也往往是在其被装饰的小品上用自由曲线比较随意自然地勾画出其形态。如图 3-11 所示。

7) 草地的平面表现

草坪在设计中起到一个基底的作用，相当于一个铺地的绿色背景，作用相当关键，在表现时主要有以下几种手法：

① 打点法　点要大小一致，通常用特细笔较多，打点时笔要垂直纸面，不能像小蝌蚪一样留有尾巴，疏密有致，邻近建筑物、构筑物、树木、道路的地方应较密集，远离这些地方应较稀疏，注意疏密过渡要渐次自然，不能太突然，如图 3-12 所示。

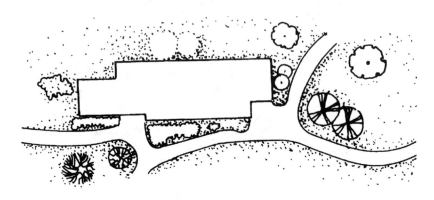

图 3-12　草地的平面表现

② 小短线法　将小短线排列成行，每行之间排列整齐的可用来表现修剪草坪，排列不整齐的可用来表现草地和管理粗放的草坪。

③ 线段排列法　要求线段排列整齐，行间有断断续续的重叠，也可稍许留些空白或行间留白。另外，也可用斜线排列表现草坪，排列方式可规则也可随意。

④ 乱线法　用小短线法和线段排列法等表现草坪时，应先用淡铅在图上作平行稿线，根据草坪的范围可选用 2～6mm 间距的平行稿线组，若有地形等高线时，也可按上述的间距标准，依地形的曲折方向勾绘稿线，并使得相邻等高线之间分布均匀。最后，用小短线或线段排列起来即可。

二、园林植物的立面表现技法

园林植物的立面图形态特征主要由树干和树冠来决定。树干的形态由它的高矮、粗细、分枝情况等决定，画法较简单。而树冠决定植物的主外形特征，其形状较为复杂，但可概括为几种基本形状：尖塔形、圆锥形、圆柱形、伞形、圆球形、椭圆形、匍匐形、垂枝形等，如图 3-13 所示。

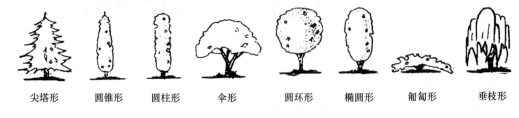

尖塔形　　圆锥形　　圆柱形　　伞形　　圆环形　　椭圆形　　匍匐形　　垂枝形

图 3-13　树木立面基本树形

画植物立面时，往往从植物的主要特征入手，概括出树干及树冠的基本树形轮廓，而忽略其枝条及叶片的形状，以高度抽象的方法完成，如图 3-14～16 所示。有时为了增加图面的艺术效果，采用夸张、简化等方法，绘制出具有很强的装饰效果的图案画，是艺术的抽象图案式法，如图 3-17 所示。需要注意的是，针对同一景观，在表现时，树木立面表示应与其平面相一致，如图 3-18 所示。

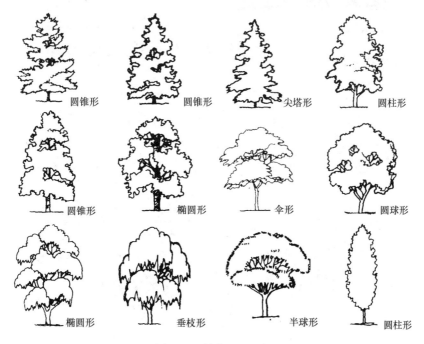

图 3-14　树木立面图例

图 3-15　树木立面图例

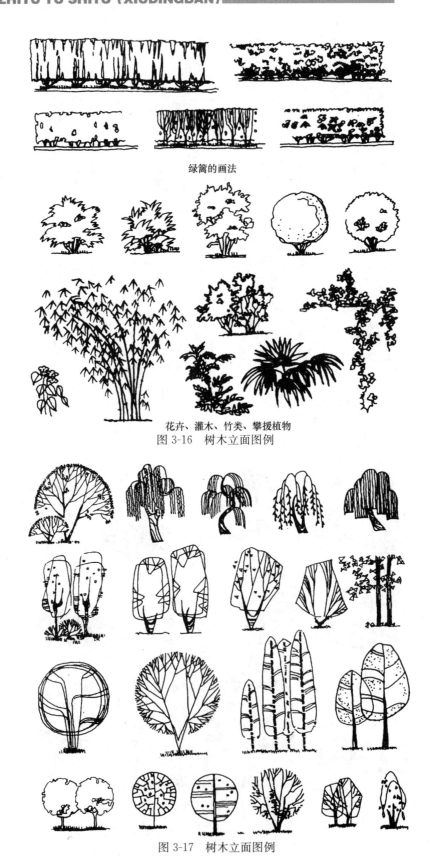

绿篱的画法

花卉、灌木、竹类、攀援植物

图 3-16 树木立面图例

图 3-17 树木立面图例

图 3-18　平面与立面表现要统一

 任务实施

绘制图 3-6、图 3-7、图 3-12 所示的植物平面图例。

绘制图 3-14、图 3-15、图 3-16、图 3-17 所示的植物立面图例。

绘制附录 2 中植物图例。

任务二　园林山石的表现技法

 相关知识

园林中山石的应用主要有假山和置石两种。山石的画法主要是平面图和立画图的绘图技法，一般都是用粗线画出其外轮廓，再用细线勾画出内部纹理。假山和置石中常用的石材有湖石、黄石、青石、石笋、卵石等。由于山石材料的质地、纹理的不同，其表现方法亦不同。

一、常用石材表现技法

（一）湖石表现技法

湖石是经过溶融的石灰岩。这种山石的特点是纹理纵横，脉络起隐，石面上遍多坳坎，称为"弹子窝"，很自然地形成沟、缝、穴、洞，窝洞相套，玲珑剔透。画湖石时，首先用曲线勾画出湖石轮廓线，再用随形体线表现纹理的自然起伏，最后着重刻画出大小不同的洞穴，为了画出洞穴的深度，常常用笔加深其背光处，强调洞穴中的明暗对比。如图 3-19 所示。

（二）黄石表现技法

黄石是一种带橙黄颜色的细砂岩，山石形体顽夯，见棱见角，节理面近乎垂直，雄浑沉实，平正大方，块钝而棱锐，具有强烈的光影效果。画黄石多用平直转折线，表现块钝而棱锐的特点。为加强石头的质感和立体感，在背光面常加重线条或用斜线加深与

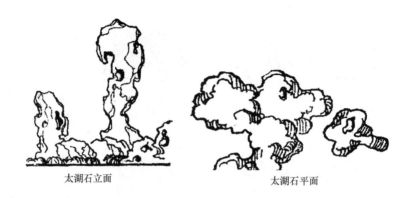

太湖石立面　　　　　　　　　　　太湖石平面

图 3-19　湖石画法

受光面形成明暗对比。如图 3-20 所示。

黄石立面　　　　　　　　　　黄石平面

图 3-20　黄石画法

（三）青石表现技法

　　青石是一种青灰色的细砂岩，就形体而言，多呈片状，又有"青石片"之称。画时要注意刻画多层片状的特点，水平线条要有力，侧面用折线，石片层次要分明，搭配要错落有致。如图 3-21 所示。

（四）石笋表现技法

　　石笋是指外形修长如竹笋的一类山石的总称。画时以表现其垂直纹理为主，可用直线或曲线。要突出石笋修长之势，掌握好细长比。石笋细部的纹理要根据石笋特点来刻画，如图 3-22 所示。

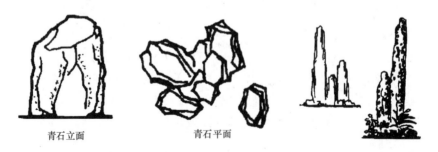

青石立面　　　　　　　青石平面

图 3-21　青石画法　　　　　　　　图 3-22　石笋画法

（五）卵石表现技法

卵石体态圆润，表面光滑。画时多以曲线表现其外轮廓，再在其内部用少量曲线稍加修饰即可，如图 3-23 所示。

图 3-23　卵石画法

二、山石的剖面画法

剖面上的石块，轮廓线应用剖断线，石块剖面上还可加上斜纹线，如图 3-24 所示。

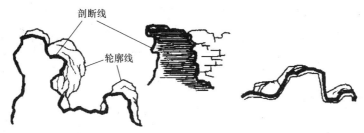

图 3-24　山石的剖面画法

 任务实施

绘制图 3-25 所示的山石图例。

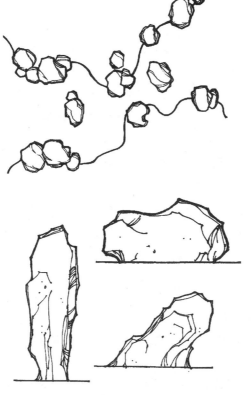

图 3-25　山石图例

任务三　园林水体的表现技法

一、水体的平面表现技法

在平面上，水面表现可采用线条法、等深线法、平涂法和添景物法，前三种为直接的水面表现法，最后一种为间接表现法。

1. 水面的画法

园林中的水面可分为静水面和动水面。静水面是指宁静或有微波的水面，能反映出倒影，如宁静时的海、湖泊、池潭等。静水面多用水平直线或小波纹线表现，如图3-26（a）所示。动水面是指湍急的河流、喷涌的喷泉或瀑布等，给人以欢快、流动的感觉。其画法多用大波纹线、鱼鳞纹线等活泼动态的线型表现，如图3-26（b）所示。

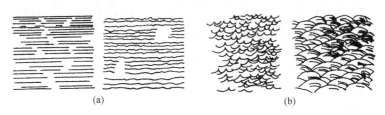

(a)　　　　　　　　　(b)

图 3-26　水面的画法

（a）静水面；（b）动水面

2. 水体的平面画法

水体的平面画法分自然式和规则式两种。自然式水体是指天然形成的或模仿天然形成的河流、湖溪等，如图3-27所示。自然式水体的平面画法一般是用粗实线绘制外轮廓，再用细实线沿岸边画2～3道线。这种类似等高线的曲线称等深线。规则式水体是指几何形状的水池喷泉等，用粗实线画外轮廓，再沿内部画一条细实线作为水位线。

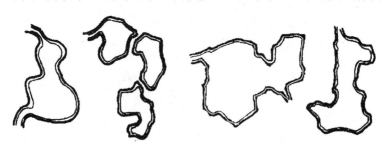

图 3-27　水体平面示例

二、水体的立面表现技法

在立面上，水体可采用线条法、留白法、光影法等表现。

1. 线条法

线条法是用细实线或虚线勾画出水体造型的一种水体立面表现法。线条法在工程设计图中使用得最多。用线条法作图时应注意：

1）线条方向与水体流动的方向保持一致。

2）水体造型清晰，但要避免外轮廓线过于呆板生硬。

跌水、叠泉、瀑布等水体的表现方法一般也用线条法，尤其在立面图上更是常见，它简洁而准确地表达了水体与山石、水池等硬质景观之间的相互关系，如图 3-28 所示。

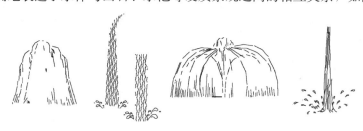

图 3-28　线条法表现水体立面图示例

2. 留白法

留白法就是将水体的背景或配景画暗，从而衬托出水体造型的表现手法。留白法常用于表现所处环境复杂的水体，也可用于表现水体的洁白与光亮。

3. 光影法

用线条和色块（黑色和深蓝色）综合表现出水体的轮廓和阴影的方法叫水体的光影表现法。

 任务实施

绘制图 3-29 所示的山石水体图例。

绘制附录 2 中山石水体图例。

8.00

7.00

图 3-29　山石水体示例

任务四　园林建筑小品的表现技法

 相关知识

园林建筑及小品的种类很多，形式各具特色，有亭、廊、花架，有园门、景墙、园林桌、椅、凳等。通常用平面图（特指沿窗台以上的水平剖面图）、立面图（H 面或 W 面投影图）、剖面图来表示，必要时加绘透视图。

一、亭的画法

图 3-30 所示是一六角亭平面图和立面图。在大比例尺图纸中，对没有门窗的建筑，采用通过支撑柱部位的水平剖面图来表示平面图，用粗实线画断面轮廓，用中实线画出其他可见轮廓。

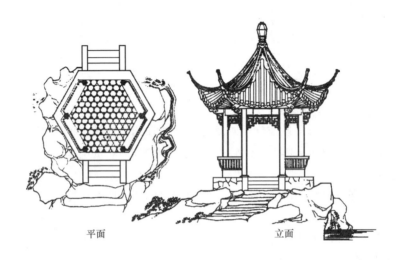

平面　　　　　　　　　　　　立面

图 3-30　六角亭的画法

二、廊的画法

廊是建筑与建筑之间的连接通道，以"间"为单元组合而成，画法与亭一致，图 3-31 所示是廊的平面图画法。

三、花架的画法

花架具有体型小、布局灵活的特点，常用作点缀，以丰富园林景观。也可相互组合，创造出更丰富的景观效果。图 3-32 所示是组合式花架的平面图画法。

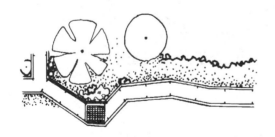

图 3-31　廊的平面图画法

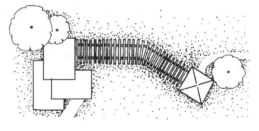

图 3-32　组合式花架的平面图画法

四、园桌和园凳的画法

园桌、园凳、园椅的形状很多，常见的多为长形、圆形等几何形。有时园凳、园椅也因地制宜，结合花坛、挡土墙、栏杆、山石等设置，但总的来说，结构较简单。画图时，画出平面视图、立面视图即可表达，如图 3-33 所示是园桌凳的画法，效果图以需要定。

五、园桥的画法

园桥是园路的特殊形式，如图 3-34 所示，是一平桥的平面图、立面图。

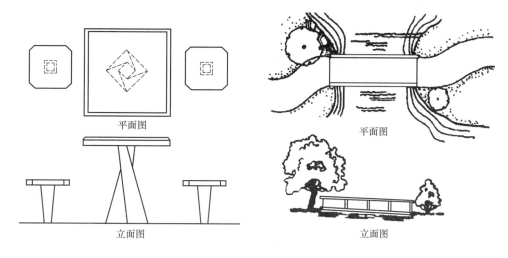

图 3-33　园桌凳的画法　　　　　　　图 3-34　园桥的画法

 任务实施

绘制如图 3-35 所示的亭、廊、花架组合图例。

绘制附录 2 中建筑及小品设施图例。

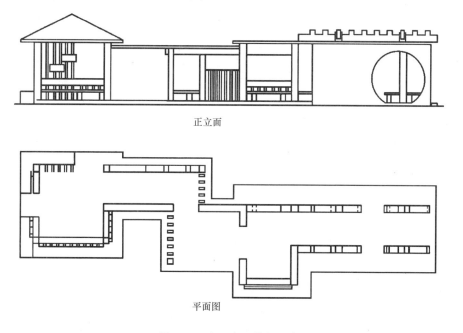

图 3-35　亭、廊、花架组合

任务五　园路的表现技法

一、园路的平面表现方法

园路的平面表现主要用于规划设计阶段，多以线形表现为主，绘制基本步骤如下：

1. 确立道路中线；

2. 根据设计路宽确定道路边线；

3. 确定转角处的转弯半径或其他衔接方式，并可酌情表现路面材料，如图 3-36 所示。

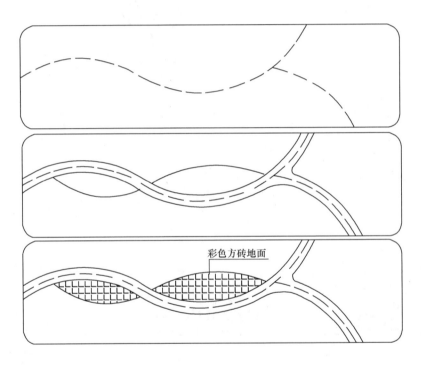

彩色方砖地面

图 3-36　园路平面图绘制步骤

二、园路的断面表现方法

园路的断面表现主要用于施工设计阶段，可分为纵断面图和横断面图。内容详见项目六中任务二园路工程施工图的绘制与识别。

 任务实施

绘制图 3-37 所示园路的平面图图例。

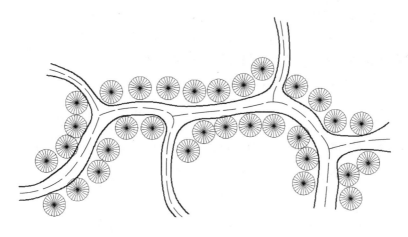

图 3-37　园路的平面图

任务六　地形设计表现方法

 相关知识

一、地形平面图表现方法

在园林地形设计中通常采用等高线法、重点高程标注法、方格网法、断面法表达设计地形以及原有地形的状况。

1. 等高线法

等高线就是绘制在平面图上的线条，它将所有高于或低于水平面，具有相等垂直距离的各点连接成线，如图 3-38 所示。

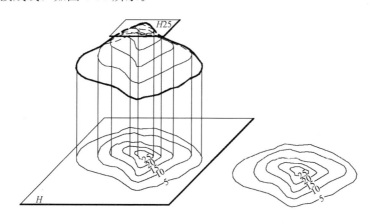

图 3-38　等高线表示法

等高线有以下特点：

1）同一等高线上的各点高程相等，每一条等高线都是闭合曲线。

2）等高线的水平间距大小，表现地形的缓或陡，疏则缓，密则陡。

3）等高线一般不相交或垂直，只有在悬崖处等高线才可能出现相交情况。

4）等高线在图纸上不能直穿或横过河谷、堤岸和道路。

5）原地形等高线用虚线表现，设计等高线用实线表现。

2. 方格网法

根据地形变化的程度与要求的地形精度确定图中网格的方格尺寸，一般间距为5～10m。然后进行网格角点的标高计算，并用插入法求得整数高程值，连接同名等高程点，即为"方格网等高线"地形图。如图3-39所示。

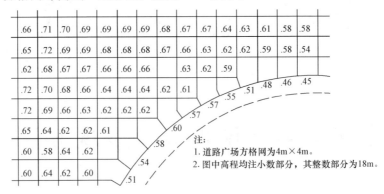

图 3-39　道路广场方格网地形图示例

3. 重点高程标注法

重点高程标注法是将地形图中某些特殊点，如建筑的室内外地坪，建筑转角基底地坪，道路的转点、交叉点，园桥桥面顶点高程，涵闸出口处，地形图中最高点和最低点的高程，用圆点、＋字形或三角号标注该点的高程（多是相对高程，常标注到小数点后两位）。特别适用于场地平整和度假休憩旅游设施的竖向设计，也适用于园路段的明码标坡，使用方便，一目了然，如图3-40所示。

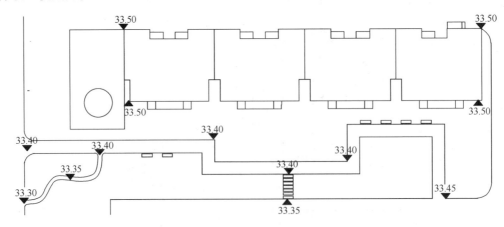

图 3-40　重点高程标注法示例

二、地形剖面图的画法

用铅垂面剖切地形面，所得的剖面形状称为地形剖面图。作地形剖面图先根据选定的比例结合地形平面作出地形剖断线，然后绘出地形轮廓线，并加以表现，便可得到较完整的地形剖面图。作图方法如图 3-41 所示。

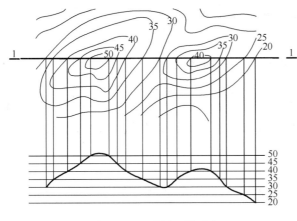

手机扫码
观看教程

图 3-41 地形剖面图画法

1）过 1-1 作铅垂面，它与地形面各等高线相交。

2）按比例画出间距与地形等高距相等的平行线组，20、25、30……50 等，平行线组的起点线和地形剖切线位置要吻合。

3）自等高线和剖切位置线的交点向平行线组作铅垂线，与相应的高程相交，得到各交点。

4）再用光滑曲线将这些点连接起来并加粗加深，即得地形剖断线。

地形剖面图中水平比例应和原地形图一致，垂直比例可根据地形适当调整；地形起伏不明显、原地形比例过小，可将垂直比例扩大，也就是纵向扩大比例尺；地形起伏变化较明显，应选择较小的垂直比例尺；当水平和垂直比例不相同时，应分别标明这两种比例尺。

 任务实施

运用两种垂直比例绘制图 3-42 平面地形图的剖面图。

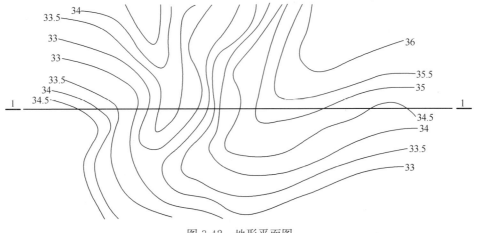

图 3-42 地形平面图

技能训练

技能训练一　绘制园林植物组合平面图

1. 目的

掌握园林植物平面、立面的形态特点；理解绘制园林植物平面、立面的步骤和规律。

2. 任务

抄绘如图 3-43 所示的园林植物组合平面图，绘制在 A4 图纸上，并描绘在硫酸纸上。

3. 要求

线条流畅自然，能勾画造园要素特点。能区分外轮廓线、细部线；图面布置美观大方。

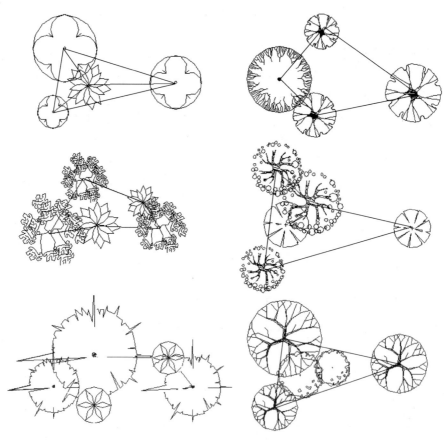

图 3-43　园林植物组合平面图例

技能训练二　绘制园林建筑小品、山石与植物组合立面图

1. 目的

掌握园林建筑小品、山石与植物组合特点；理解绘制园林建筑小品、山石与植物组合立面图绘制步骤和规律。

2. 任务

抄绘如图 3-44 所示的园林建筑小品、山石与植物组合立面图，绘制在 A4 图纸上，并描绘在硫酸纸上。

3. 要求

线条流畅自然，能勾画造园要素特点。能区分外轮廓线、细部线；图面布置美观大方。

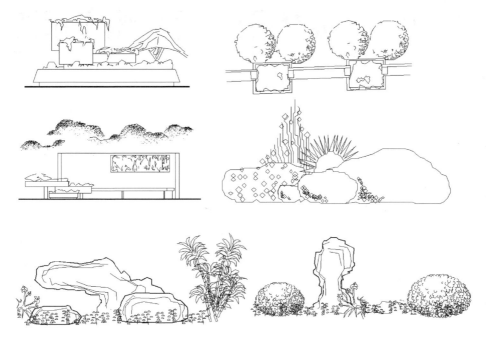

图 3-44　园林建筑小品、山石与植物组合立面图例

项目四　园林设计图的绘制与识读

【内容提要】

　　园林设计图是在掌握园林艺术理论、设计原理、有关工程技术及制图基本知识的基础上所绘制的专业图纸，它表达园林设计人员的思想和要求，是工程施工与管理的技术文件。绘制与识读园林设计图是园林设计与施工人员必须具备的基本技能。通过本项目的学习，学生能够掌握常见园林设计图的绘制要求和识读方法。

【知识目标】

　　了解园林设计各步骤所绘制的图纸类别。
　　掌握园林设计总平面图绘制要求和识读方法。
　　掌握园林植物种植设计图绘制要求和识读方法。
　　掌握园林建筑设计图绘制要求和识读方法。

【技能目标】

　　能按照制图规范要求绘制园林设计总平面图。
　　能按照制图规范要求绘制园林植物种植设计图。
　　能按照制图规范要求绘制园林建筑设计图。
　　能熟练识读各种园林设计图。

任务一 园林设计总平面图的绘制与识读

 相关知识

一、园林设计总平面图的内容与用途

园林设计总平面图是表现规划范围内的各种造园要素（如地形、山石、水体、建筑、植物及园路等）布局位置的水平投影图，它是反映园林工程总体设计意图的主要图纸，也是绘制其他图纸的依据。总平面图包括图框、标题栏、文字、标题、表格等。

二、园林设计总平面图的绘制步骤与要求

1. 确定图幅和绘图比例

根据出图要求确定适宜图幅和绘图比例，图纸应按上北下南方向绘制，也可根据场地形状或布局向左或向右偏转，但角度不宜超过 45°，如图 4-1 所示。

2. 绘制园林要素

由于园林设计总平面图的比例较小，设计者不可能将构思中的各种造园要素以其真实形状表达于图纸上，而是采用一些经国家统一制定的图例概括表达其设计意图。

1) 地形 地形的高低变化及其分布情况通常用等高线表示。设计地形等高线用细实线绘制，原地形等高线用细虚线绘制，设计平面图中等高线可以不注高程。

2) 园林建筑 园林建筑可采用水平剖面图来表示，也可采用屋顶平面来表示（仅适用于坡屋顶和曲面屋顶），对花坛、花架等建筑小品用细实线画出投影轮廓。

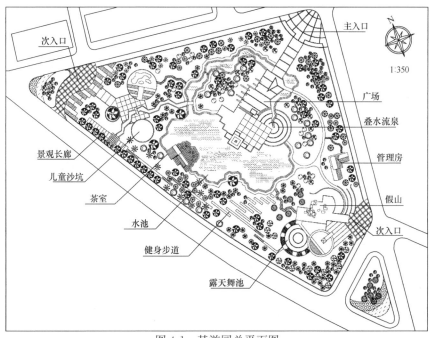

图 4-1 某游园总平面图

3）水体　水体一般用两条线表示，外面的一条表示水体边界线（即驳岸线），用特粗实线绘制；里面的一条表示水面，用细实线绘制。此外，也可以用水面波纹线表示水体。

4）山石　山石采用其水平投影轮廓线概括表示，以粗实线绘出边缘轮廓，以细实线概括绘出纹理。

5）园路　园路用细实线画出路缘，对铺装路面也可按设计图案简略示出。

6）园林植物　绘制植物平面图图例时应区分出针叶树、阔叶树；常绿树、落叶树、乔木、灌木、绿篱、花卉、草坪、水生植物等，要注意曲线过渡自然，图形应形象、概括。

3. 编制图例说明

在图纸中适当位置画出并注明各图例含义，如图 4-1 所示。为了使图面清晰，便于阅读，也可对图中的建筑予以编号，然后再注明相应的名称。

4. 绘制比例、风向玫瑰图或指北针，注写标题栏

为便于阅读，园林设计总平面图中要注写比例尺。风玫瑰图是根据当地多年统计的各个方向、吹风次数的平均百分数值，再按一定比例绘制而成的，图例中粗实线表示全年风频情况，虚线表示夏季风频情况，最长线段为当地主导风向。

5. 书写设计说明

为了更形象地表达设计意图，必要时总平面图上可书写说明性文字，如设计依据、设计构思、工程概况等，通常采用美术字书写。

三、园林设计总平面图的识读

1. 看图名、比例、设计说明及风向玫瑰图或指北针

了解设计意图和工程性质、设计范围和朝向等。图 4-1 所示地块略呈三角形，东西长 240m 左右，南北宽 200m 左右，占地总面积约 23000m²，主入口位于东北侧，两个次入口分别在西北侧和东南侧。

2. 看等高线和水位线

了解游园的地形和布局情况。从图 4-1 可见，该园水池设在游园中部偏西北，东北侧地势较高，西北侧、南侧地势较低。

3. 看图例和文字说明

明确新建景物的平面位置，了解总体布局情况。由图 4-1 可见，此游园平面布局合理，功能分区明确，主景区位于游园主入口景观视线上，由较大面积的铺装广场组成，内设计有水池、叠水流泉、小桥、花架等众多的园林景观内容，构成了游园的主要景观。西北侧入口紧靠着少儿活动区，以木栅、树篱、短墙共同围合成一个既安全又自然开放的儿童活动空间。南侧为老年健身区，设有黄石假山、围廊花架、健身步道、露天舞池。此外，精细设计的绿化管理用房、茶室也是游园中的点睛之笔。

4. 看坐标或尺寸

根据坐标或尺寸查找施工放线的依据。

 任务实施

抄绘图 4-2 所示的某居住区游园设计总平面图并阅读。

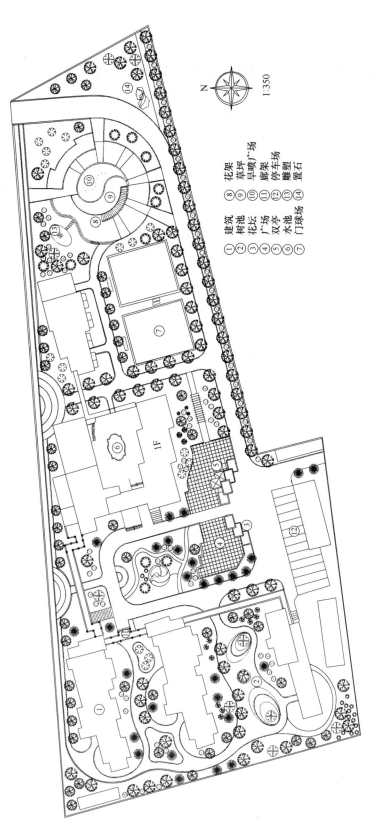

图 4-2　某居住区游园总平面图

任务二 园林植物种植设计图的绘制与识读

 相关知识

一、园林植物种植设计图的内容与用途

园林植物种植设计图是表示植物位置、种类、数量、规格及种植类型的平面图，是组织种植施工和养护管理、编制预算的重要依据。植物种植设计图包括图框、标题栏、文字、标题、苗木表及文字说明等。

二、园林植物种植设计图的绘制要求

1. 种植设计平面图

在设计平面图上，绘出建筑、水体、道路及地下管线等位置，其中水体边线用粗实线，沿水体边界线内侧用细实线表示出水面，建筑用中实线，道路用细实线，地下管道或构筑物用中虚线。

自然式种植设计图，宜将各种植物按平面图中的图例，绘制在所设计的种植位置上，并应以圆点示出树干位置。树冠大小按成龄后冠幅绘制。为了便于区别树种，计算株数，应将不同树种统一编号，标注在树冠图例内，如图 4-3 所示。

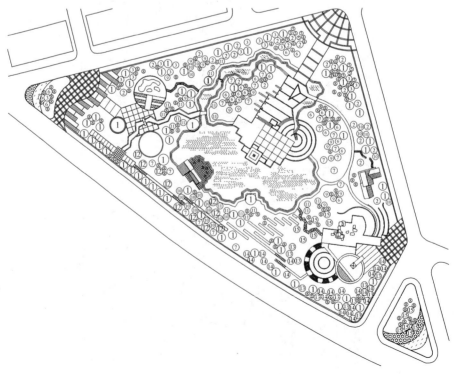

图 4-3 某游园种植设计图

　　规则式种植设计图，宜对单株或丛植的植物以圆点表示种植位置，对蔓生和成片种植的植物，用细实线绘出种植范围，草坪用小圆点表示，小圆点应绘得有疏有密，凡在道路、建筑物、山石、水体等边缘处应密，然后逐渐变疏。对同一树种在可能的情况下尽量以粗实线连接起来，并用索引符号注树种编号，索引符号用细实线绘制，圆圈的上半部注写植物编号，下半部注写数量，尽量排列整齐使图面清晰，如图 4-4 所示。

　　2. 编制苗木统计表

　　在图中适当位置，列表说明所设计的植物编号、图例、植物名称、拉丁文名称、单位、数量、规格、出圃年龄等。表 4-1 所列为图 4-3 所附苗木统计表，表 4-2 所列为图 4-4 所附苗木统计表。

表 4-1　某游园种植设计苗木统计表

编号	图例	植物名称	植物规格	数量
1		香樟	干径约 100（cm）	68
2		黄山栾树	3.5m 高	24
3		乐昌含笑	1.0m 高	16
4		鸡爪槭	2.5m 高	13
5		腊梅	0.6m 高	12
6		白玉兰	2.0m 高	19
7		深山含笑	4.5m 高	18
8		桂花	2.0m 高	104
9		红花玉兰	2.0m 高	16
10		杜英	3.5m 高	11
11		合欢	2.5m 高	18
12		珊瑚朴	干径约 100（cm）	10
13		枫香	干径约 120（cm）	12
14		樱花	2.5m 高	23
15		雪松	4.0m 高	12

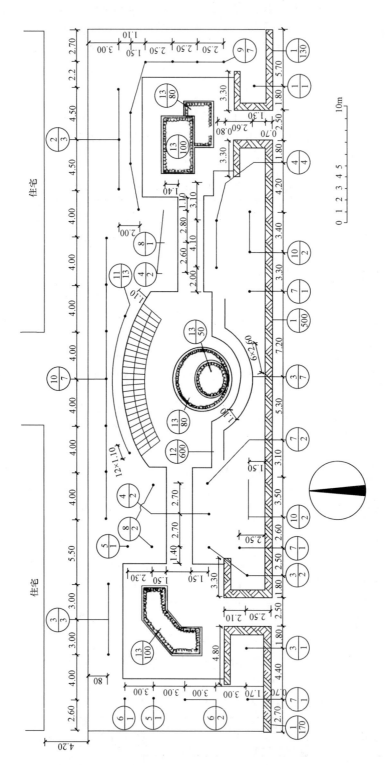

图 4-4　某住宅绿地种植设计图

表 4-2 某住宅绿地种植设计苗木统计表

编号	树 种		数量	规 格		出圃年龄	备注
				干径（cm）	高度（m）		
1	雪 柳	*Fontanesia fortunei*	1000		1	1	
2	华山松	*Pinus armandii*	3	6		6	
3	桧 柏	*Juniperus chinensis*	13	4		4	
4	山 桃	*Prunus davidiana*	9	5		5	
5	元宝枫	*Acer truncatum*	1	4		4	
6	文冠果	*Xanthoceras sorbifolia*	4	4		4	
7	连 翘	*Forsythia suspensa*	5		1	3	每丛 5 株
8	棉带花	*Weigela ftorida*	35		1	2	每丛 7 株
9	榆叶梅	*Prunus triloba*	7		1	3	每丛 7 株
10	紫丁香	*Syringa oblata*	48		1	3	每丛 8 株
11	五叶地锦	*Parthenocissus quinquefolia*	13		3	2	
12	结缕草	*Zoysia japonica steud*	600			1	
13	花 卉		410			1	

3. 标注定位尺寸

自然式植物种植设计图，宜用与设计总平面图、竖向设计图同样大小的坐标网确定种植位置。规则式植物种植设计图，宜相对某一原有地上物，用标注株行距的方法，确定种植位置，如图 4-4 所示。

4. 绘制种植详图

必要时按苗木统计表中编号（即图号）绘制种植详图，说明种植某一种植物时挖坑、覆土、施肥、支撑等种植施工要求，如图 4-5 所示。

5. 绘制比例、风玫瑰图或指北针，主要技术要求。

三、园林植物种植设计图的识读

阅读植物种植设计图用以了解工程设计意图、绿化目的及其所达效果，明确种植要求，以便组织施工和作出工程预算，阅读步骤如下：

1. 看标题栏、比例、风玫瑰图或方位标

明确工程名称、所处方位和当地主导风向。

2. 看图中索引编号和苗木统计表

根据图示各植物编号，对照苗木统计表及技术说明，了解植物种植的种类、数量、苗木规格和配置方式。如图 4-3 所示，游园植物基调树种为香樟和桂花。中央主景区绿化主调树种为表现春季景观的红、白玉兰。两侧绿地中栽种由黄山栾树、深山含笑和香樟等高大树种组成的混交林，并结合鸡爪槭、桂花等灌木。少儿活动区绿化主调树种为合欢，周围由杜英、珊瑚朴、樱花、枫香等大乔木组成的混交林作为背景。老年健身区绿化主调树种选用枫香、腊梅，突出秋、冬季色彩。

3. 看植物种植定位尺寸

明确植物种植的位置及定点放线的基准。

4. 看种植详图

明确具体种植要求，组织种植施工。

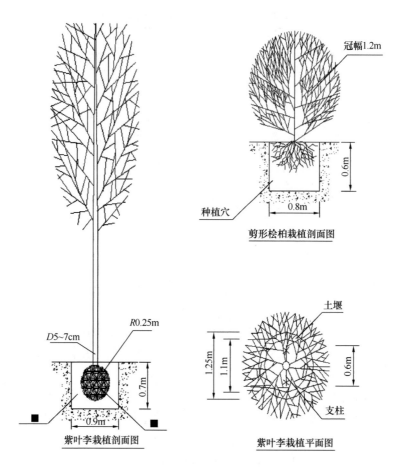

图 4-5　某植物种植详图

 任务实施

抄绘图 4-6 某宅间绿地园林植物种植设计图并根据表 4-3 识读。

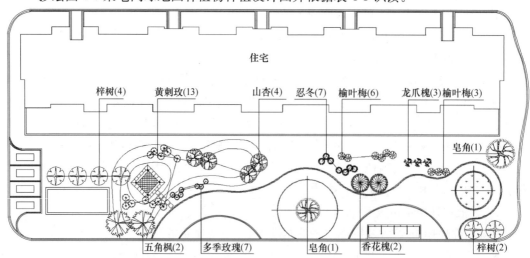

图 4-6　某宅间绿地植物种植设计图

表 4-3　某宅间绿地种植设计苗木统计表

植物种植材料表

编号	图例	植物名称	学　名	规　格				总量（株）
				胸径（cm）	树高（m）	冠幅（m×m）	分枝点（m）	
1		五角枫	*Acer mono*	4.0～6.0	2.5～3.0	3.0～4.0	1.5～1.8	2
2		梓树	*Catalpa ovata*	6.0～8.0	3.0～4.0	2.5～3.0	1.8～2.0	6
3		山杏	*Prunus armeniaca* var	3.0～5.0	2.0～3.0	2.5～3.0	1.2～1.5	4
4		皂角	*Gleditsia japonica*	5.0～7.0	3.0～4.0	3.0～4.0	1.8～2.0	2
5		龙爪槐	*Sophora japonica* var	5.0～7.0	1.2～1.5	1.2～1.5	1.8～2.0	3
6		多季玫瑰	*Rosa rugosa* Thunb	0.6～0.8	0.6～0.8	6～8		7
7		黄刺玫	*Rosa xanthina*	0.8～1.0	0.8～1.0	8～10		13
8		香花槐	*Robinia pseudoacacia*	4.0～6.0	3.0～4.0	2.5～3.0	1.8～2.0	2
9		榆叶梅	*Prunus triloba*	0.8～1.0	0.8～1.0	8～10		9
10		金银忍冬	*Lonicera maackii*	0.8～1.0	0.8～1.0	8～10		7

任务三　园林建筑设计图的绘制与识读

 相关知识

一、园林建筑设计图的内容与用途

园林建筑设计图是表示园林建筑的总体布局、外部造型、内部布置、细部构造、内外装饰以及一些固定设备、施工要求等的图样，一般包括：建筑总平面图、建筑平面图、建筑立面图、建筑剖面图和建筑效果图。

二、园林建筑设计图的绘制要求

1. 建筑总平面图

建筑总平面图是表示建筑物所在基地内有关范围的总体布置情况的水平投影图，用以表明新建房屋、构筑物的位置、朝向、占地范围，室外场地、道路、绿化等的布置、地形、标高等以及与原有建筑群周围环境之间的关系等。它是新建房屋施工定位、土方施工以及绘制水、电、暖等管线总平面图和施工总平面图的依据。

建筑总平面图中建筑的表现手法有：

1）抽象轮廓法　抽象轮廓法适用于小比例总体规划图，主要是将建筑按比例缩小后，绘制其轮廓，或者以统一的抽象符号（如圆点）表现出建筑的位置，其优点在于能够很清晰地反映出建筑的布局及其相互之间的关系，常用于导游示意图。如图 4-7 所示。

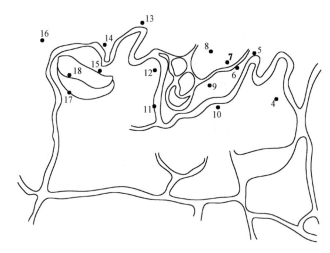

图 4-7　抽象轮廓法表现建筑

2）涂实法　涂实法表现建筑主要是将规划用地中的建筑物涂黑，涂实法的特点是能够清晰地反映出建筑的形状、所在位置以及建筑物之间的相对位置关系，并可用来分析建筑空间的组织情况，但对个体建筑的结构反映不清楚，适用于功能分析图。如图 4-8 所示。

3）平顶法　平顶法表现建筑的特点在于能够清楚地表现出建筑的屋顶形式以及坡向等，而且具有较强的装饰效果，特别适合表现古建筑较多的建筑总平面图。如图 4-9 所示。

4）剖平法　剖平法比较适合于表现个体建筑，它不仅能表现出建筑的形状、位置、周围环境，还能表现出建筑内部的简单结构，常用于建筑单体设计。如图 4-10 所示。

建筑总平面图中建筑的绘制步骤：

1）选择合适的比例　建筑总平面图要求表明拟建建筑与周围环境的关系，所以涉及的区域一般都比较大，因此常选用较小的比例绘制，如 1∶500、1∶1000 等。

2）绘制图例　建筑总平面图是用建筑总平面图例（表 4-4 总平面图图例）表达其内容，包括地形现状、建筑物（原有、新建、规划或拆除）和构筑物、道路和绿化等，并按其所在位置画出它们的水平投影图。

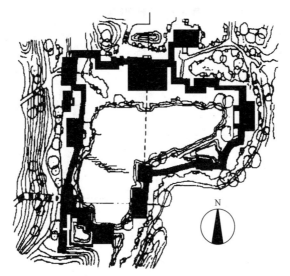

图 4-8　涂实法表现建筑

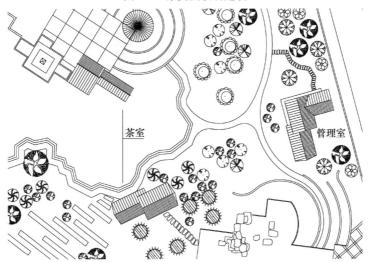

图 4-9　平顶法表现建筑

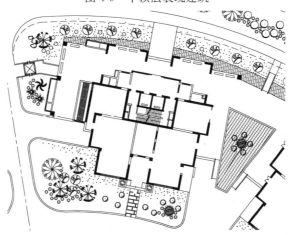

图 4-10　剖平法表现建筑

表 4-4　总平面图图例

图　例	名　称	图　例	名　称
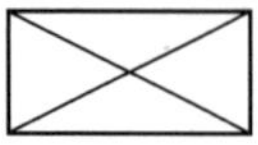	其他材料露天堆场或露天作业场	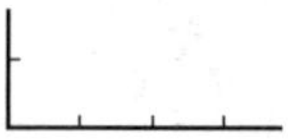	围墙（表示砖石、混凝土及金属材料围墙）
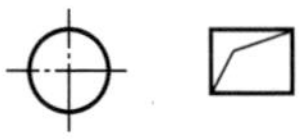	水塔、水池	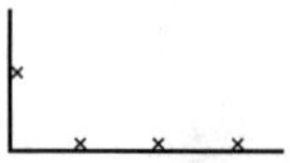	围墙（表示镀锌铁丝网、篱笆等围墙）
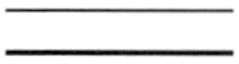	原有的道路、人行道	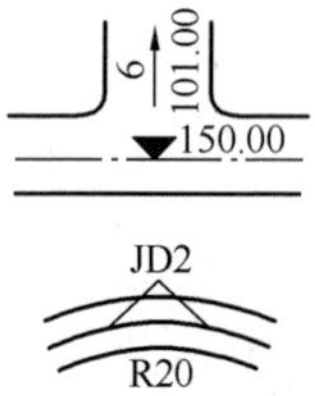	新设计的道路
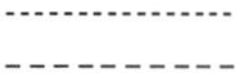	计划的道路		
	地下建筑物或构筑物	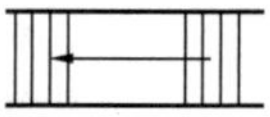	台阶（箭头指向表示向上）
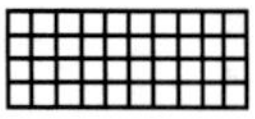	铺砌场地	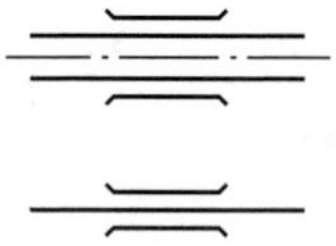	公路桥铁路桥
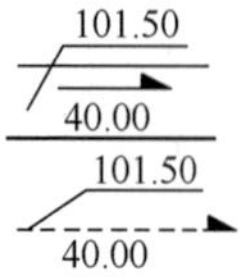	排水明沟（下图用于比例比较小的图）	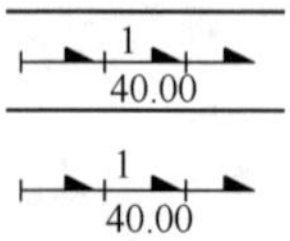	有盖的排水沟

　　3）拟建建筑物的定位　用尺寸标注的形式标明与其相邻的原有建筑或道路中心线（参照物）的距离。如图中无参照物，也可用坐标网格进行建筑定位。

　　4）标注标高　建筑总平面图应标注建筑首层地面的标高、室外地坪和道路的标高及地形等高线的高程数字，单位均为 m。

　　5）绘制指北针、风玫瑰图、图例等。

　　6）注写比例、图名、标题栏。

2. 建筑平面图

建筑平面图是全剖面图，剖切平面是位于窗台上方的水平面。建筑平面图主要表示建筑物的平面形状、水平方向各部分（如出入口、走廊、楼梯、房间、阳台等）的布置和组合关系、门窗位置、墙和柱的布置以及其他建筑构配件的位置和大小等，如图4-11所示。多层建筑若各层的平面布置不同，应画出各层平面图。

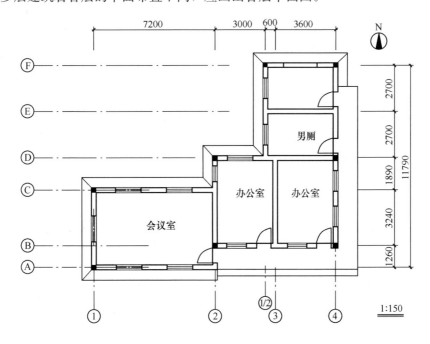

图 4-11 建筑平面图

建筑平面图是建筑设计中最基本的图纸，常用于表现建筑方案，并为以后的详细设计提供依据。

建筑平面图中建筑的图示要求：

1）选择合适比例 在绘制建筑平面图之前，首先要根据建筑物形体的大小选择合适的绘制比例，通常可选用1：50、1：100、1：200的比例，如果要绘制局部放大图样，可选用1：20、1：50的比例。

2）定位轴线及编号 定位轴线是用来确定建筑基础、墙、柱和梁等承重构件的相对位置，并带有编号的基准线，是设计和施工的定位线。对于那些非承重构件，可画附加轴线，附加轴线的编号，应以分数表示，分母表示前一轴线的编号，分子表示附加轴线的编号。

3）线型要求 在建筑平面图中凡是被剖切到的主要构造（如墙、柱等）断面轮廓线均用粗实线绘制，墙、柱轮廓都不包括粉刷层厚度，粉刷层在1：100的平面图中不必画出。在1：50或更大比例的平面图中用粗实线画出粉刷层厚度。

被剖切到的次要构造的轮廓线及未被剖切平面剖切的可见轮廓线用中粗实线绘制（如窗台、台阶、楼梯、阳台等）。尺寸线、图例线、索引符号等用细实线绘制。

4）门、窗的画法 门、窗的平面图画法应按图例绘制。具体画法见表4-5。

表 4-5　建筑构造绘制图例

图　例	名　称	图　例	名　称
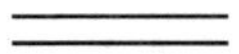	隔断		空门洞
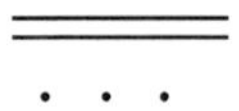	栏杆（上图非金属扶手下图金属扶手）	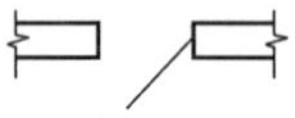	单扇门
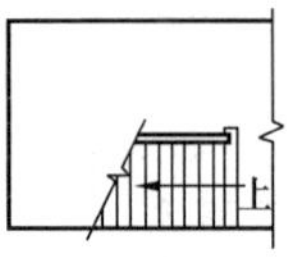	底层楼梯	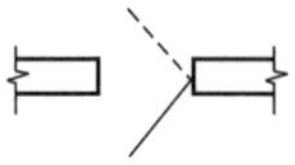	单扇双面弹簧门
			双扇门
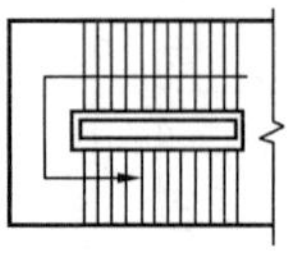	顶层楼梯	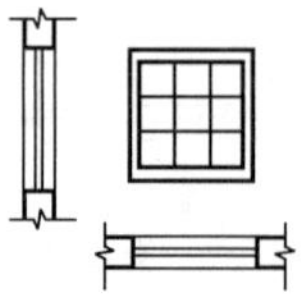	单层固定窗
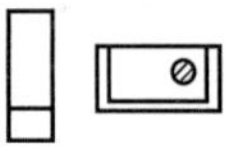	蹲式大便器　小便槽	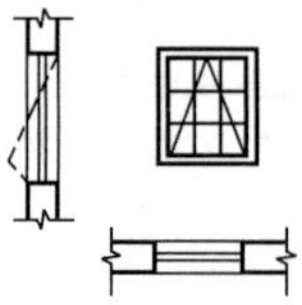	单层外开上悬窗
	污水池　洗脸盆	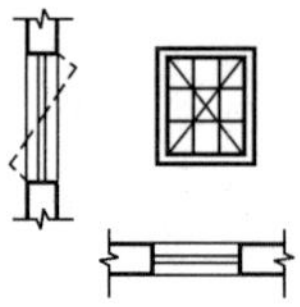	单层中悬窗
	墙上预留洞口墙上预留槽	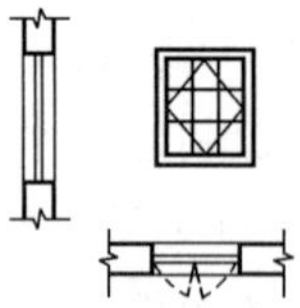	单层外开平开窗
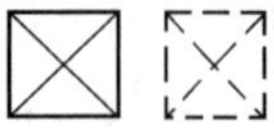	检查孔　地面检查孔吊顶检查孔		高窗

　　5）尺寸标注　建筑平面图应标出外部的轴线尺寸及总尺寸，细部分段尺寸及内部尺寸可不标注。平面图上，所有外墙一般要标注三道尺寸。靠外墙轮廓线最近的一道尺寸为洞口（门、窗洞）尺寸及洞间墙尺寸，其中，洞间墙尺寸以定位轴线为尺寸界线。第二道尺寸为定位轴线之间的尺寸，用来表示开间和进深。第三道尺寸为外包尺寸，房屋两端门外墙面之间的尺寸。此外，还须注出某些局部尺寸、底层楼梯起步尺寸等。

　　平面图还应注明室内外地面、楼台阶顶面的标高，均为相对标高，一般底层室内地面为标高零点，标注为±0.000。

6）绘制指北针、剖切符号，注写图名、比例等。

7）编制设计说明。

总之，建筑平面图是建筑设计中最基本的图纸，应准确、细致地绘制出其平面图，为表现建筑构造和以后细部设计提供依据。

现以某公园传达室平面图为例，说明建筑平面图绘制步骤：

1）画定位轴线，如图 4-12 所示。

2）画内外墙厚度，如图 4-13 所示。

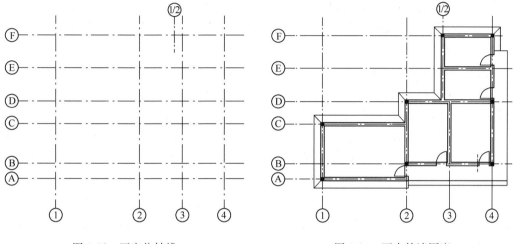

图 4-12　画定位轴线　　　　　　　　　　图 4-13　画内外墙厚度

3）画出门窗位置及宽度（当比例尺较大时，应绘出门、窗框示意），加深墙的剖断线，按线条等级依次加深其他各线，如图 4-14 所示。

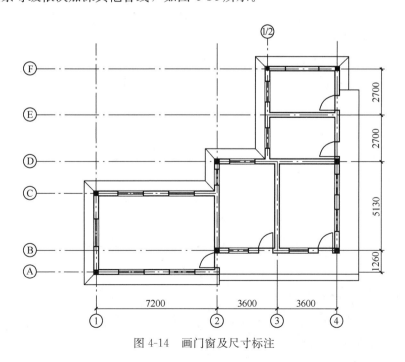

图 4-14　画门窗及尺寸标注

4）绘制配景及地面材料用细线。

3. 建筑立面图

建筑立面图是在与建筑立面平行的投影面上所作的正投影图，主要反映建筑物的外形及主要部位的标高。从正面看，可以了解到整幢房屋的外表形状、女儿墙、檐口、遮阳板、阳台或外走道的外形，及墙面引条线、装饰花格、雨篷、落水管、勒脚、入口踏步等位置和形状。同时，一般外墙上用文字注写外墙的装饰做法，例如是花岗石墙面或碎拼花岗石墙面等。立面图一般按建筑物的朝向命名，如南立面图、北立面图、东立面图及西立面图，也可根据建筑两端的定位轴线编号命名。

建筑立面图能够充分表现出建筑物的外观造型效果，可以用于进一步推敲方案，并作为进一步设计和施工的依据。

建筑立面图图示要求：

1）比例选择　在绘制建筑立面图之前，首先要根据建筑物形体的大小选择合适的绘制比例，通常情况下建筑立面图所采用的比例应与平面图相同。

2）线型要求　建筑立面图的外轮廓线应用粗实线绘制。主要部位轮廓线，如门窗洞口、台阶、花台、阳台、雨篷等用中粗实线绘制；次要部位的轮廓线，如门窗的分格线、栏杆、墙面分格线等用细实线绘制；地坪线用特粗线绘制。

3）尺寸标注　在立面图中应标出外墙各主要部位的标高，如室外地面、窗台、门窗上口、阳台、檐口等处的标高。尺寸标注应标注上述各部位相互之间的尺寸，要求标注排列整齐，力求图面清晰。

4）配景　为衬托园林环境的艺术效果，根据总平面图的环境条件，通常在建筑物的两侧和后部绘出一些配景，如花草、树木、山石等。绘制时可以采用概括画法，力求比例协调、层次分明。

5）注写比例、图名及文字说明　建筑立面图上的文字说明一般包括：建筑外墙的装饰材料说明、构造做法说明等。

建筑立面图绘制步骤（以某公园传达室为例）：

1）画出室内外地坪线、墙体的结构中心线，如图4-15所示。

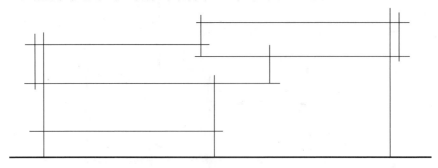

图4-15　绘制地平线及各轴线

2）画出门、窗洞高度，出檐宽度及厚度，如图4-16所示。

3）画出门、窗、墙面、踏步等细部的投影线。加深外轮廓线，然后按线条等级依次加深各线，如图4-17所示。

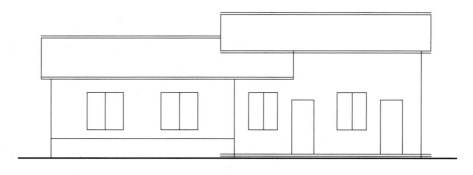

图 4-16　绘制墙体厚度及门窗

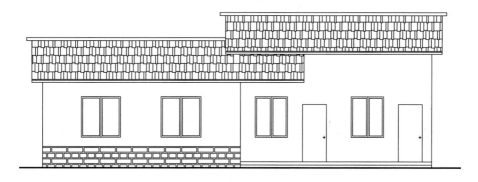

图 4-17　绘制细部投影线及加深轮廓线

4）绘制配景，如图 4-18 所示。

图 4-18　绘制配景

4.建筑剖面图

建筑剖面图是表示园林建筑内部结构及各部位标高的图纸，是假想在建筑适当的部位作垂直剖切后得到的垂直剖面图。它与平面图、立面图相配合，可以完整地表达建筑，是建筑施工图中不可缺少的一部分。图 4-19 所示为建筑剖面图。

建筑剖面图图示要求：

1）选择比例　绘制建筑剖面图时也可根据建筑物形体的大小选择合适的绘制比例，建筑剖面图所选用的比例一般应与平面图、立面图相同。

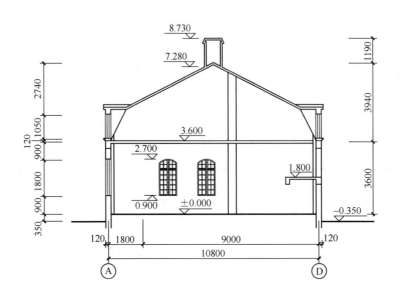

图 4-19　建筑剖面图

2）定位轴线　在剖面图中凡是被剖切到的承重墙、柱等都要画出定位轴线，并注写与平面图相同的编号。

3）剖切符号　为了方便看图，要求必须在平面图中明确地表示出剖切符号，并在剖面图下方标注与其相应的图名。在绘制过程中，剖切位置的选择非常关键，一般选在建筑内部构造有代表性和空间变化较复杂的部位，同时结合所要表达的内容确定，一般应通过门、窗等有代表性的典型部位。

4）线型要求　被剖切到的地面线用特粗实线绘制，其他被剖切到的主要可见轮廓线用粗实线绘制（如墙身、楼地面、圈梁、过梁、阳台、雨篷等），未被剖切到的主要可见轮廓线的投影用中粗实线绘制，其他次要部位的投影用细实线绘制（如栏杆、门窗分格线、图例线等）。

5）尺寸标注　水平方向上剖面图应标注承重墙或柱的定位轴线间的距离尺寸，垂直方向应标注外墙身各部位的分段尺寸（如门窗洞口、勒脚、檐口高度等）。

6）标高标注　应标注室内外地面、各层楼面、阳台、檐口、顶棚、门窗、台阶等主要部位的标高。

7）注写图名、比例及有关说明等。

建筑剖面图绘制步骤：

1）画出室内外地坪线、墙体的结构中心线，剖切到的内外墙及屋面构造厚度。

2）画出剖切到的门、窗洞高度，出檐宽度及厚度，室内墙面上门的投影轮廓。

3）画出门、窗、墙面、踏步等细部的投影线。加深剖切到的形体轮廓线，然后按线条等级依次加深各线。

 任务实施

抄绘图 4-20、图 4-21、图 4-22、图 4-23、图 4-24 所示某售票亭建筑设计图。

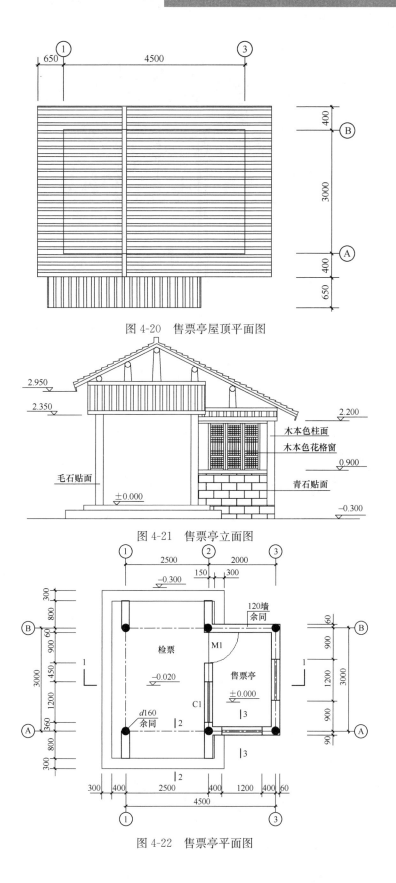

图 4-20 售票亭屋顶平面图

图 4-21 售票亭立面图

图 4-22 售票亭平面图

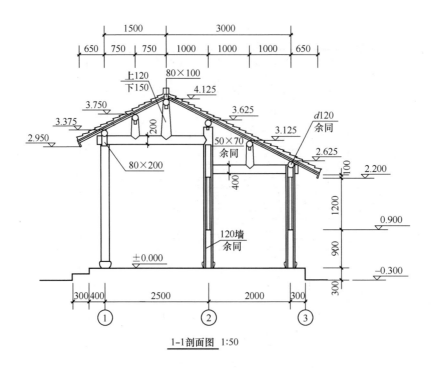

1-1剖面图 1:50

图 4-23　售票亭剖面图

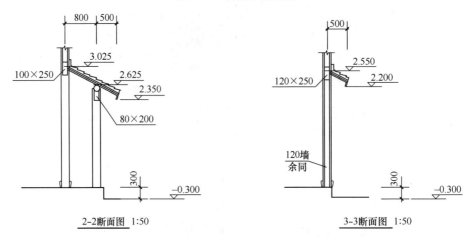

2-2断面图 1:50　　　　　3-3断面图 1:50

图 4-24　售票亭断面图

 ## 技能训练

技能训练一　绘制小游园总平面图

1. 目的

掌握平面图各要素及图例的表达方式，能够熟练阅读平面图纸，熟悉园路、空间场所布局技巧，强化平面图的绘制动手能力。

2. 任务

抄绘图 4-25 所示某小游园设计总平面图。

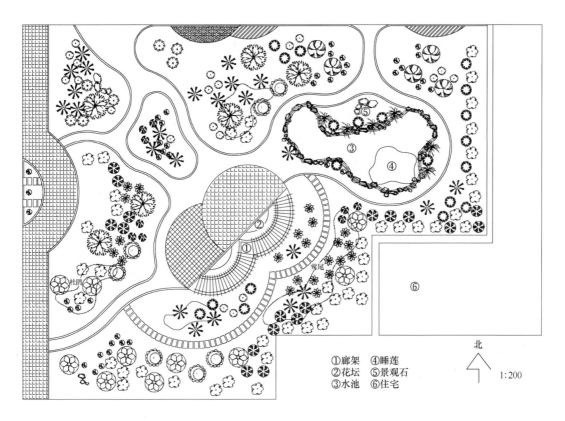

①廊架　④睡莲
②花坛　⑤景观石
③水池　⑥住宅

北

1:200

图 4-25　某小游园设计总平面图

3．要求

1）图面整洁、字体端正、注记清晰。

2）图例、符号符合《总图制图标准》中的总平面图例，自行设计的图例符号应以简洁、美观、清晰为原则。

3）图面上各要素之间的关系清晰、表示正确，有可操作性。

4）在保证图面质量的前提下，尽可能地提高绘图速度。

4．制图步骤

1）制图工具的选择和准备。

2）原图的熟悉、阅读。

3）图纸的固定。

4）画稿线。

5）进行图面检查。

6）上墨。

技能训练二　绘制某居住区宅间绿地种植平面图

1．目的

学习掌握植物图例的表现方式，熟悉植物配置技巧，能够熟练阅读图纸，强化绘图动手能力。

2．任务

抄绘图 4-26 所示某居住区宅间绿地的种植设计平面图及编写苗木统计表。

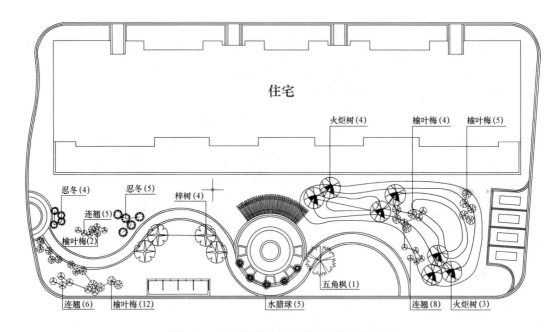

图 4-26　某居住区宅间绿地种植设计平面图

3. 要求

1）图面整洁、字体端正、注记清晰。

2）图例、符号符合《总图制图标准》中的总平面图例，自行设计的图例符号应以简洁、美观、清晰为原则。

3）图面上各要素之间的关系清晰、表示正确，有可操作性。

4）在保证图面质量的前提下，尽可能地提高绘图速度。

4. 制图步骤

1）工具准备。

2）原图的熟悉、阅读。

3）图纸的固定。

4）画稿线。

5）进行图面检查。

6）上墨。

7）根据图纸编制苗木统计表。

技能训练三　绘制校园绿地总平面图、种植设计图

1. 目的

掌握校园绿地总平面图、种植设计图的绘制方法。

2. 任务

选择所在校园某块绿地进行实地测量尺寸，然后在室内进行总平面图及种植设计图的绘制。

3. 要求

1）图面整洁、字体端正、注记清晰。

2）图例、符号符合《总图制图标准》中的总平面图例，自行设计的图例符号应以简洁、美观、清晰为原则。

3）图面上各要素之间的关系清晰、表示正确，有可操作性。

4）在保证图面质量的前提下，尽可能地提高绘图速度。

技能训练四　绘制校园某建筑设计图

1. 目的

掌握建筑设计图的绘制方法。

2. 任务

选择所在校园某建筑（门卫），现场测量尺寸，然后在室内进行建筑的平面、立面、剖面图的绘制。

3. 要求

1）图面整洁、字体端正、注记清晰。

2）图例、符号符合《总图制图标准》中的总平面图例，自行设计的图例符号应以简洁、美观、清晰为原则。

3）图面上各要素之间的关系清晰、表示正确，有可操作性。

4）在保证图面质量的前提下，尽可能地提高绘图速度。

项目五　园林设计效果图的绘制

【内容提要】

　　轴测图具有较强的立体感和直观性，透视图能逼真地反映出景观的空间效果，通过本项目的学习，学生能够了解轴测图的形成，透视作图的原理和方法，掌握常用轴测图的画法，以及一点透视和两点透视方格网的画法。

【知识目标】

　　了解轴测图的形成和种类。

　　掌握常用轴测图的画法。

　　了解透视作图的原理和方法。

　　掌握一点透视和两点透视方格网的画法。

【技能目标】

　　能熟练绘制正等测轴测投影图。

　　能熟练绘制正面斜轴测投影图。

　　能熟练绘制水平斜轴测投影图。

　　能熟练绘制园林一点透视图和两点透视图。

任务一 园林轴测图的绘制

 相关知识

轴测图是根据平行投影的原理，用一组平行投影线将物体连同确定其位置的三个直角坐标轴一起投影到单一投影面上，在该投影面上所得到的能同时反映物体三个方向的面的投影图称为轴测投影图，简称轴测图。轴测图具有平行投影的一切性质。

我们把承受轴测投影图的单一的投影面称为轴测投影面。空间三个直角坐标轴（OX、OY、OZ）在轴测投影面内的投影称为轴测轴，分别用 O_1X_1、O_1Y_1、O_1Z_1 表示。两轴测轴之间的夹角称为轴间角（$\angle X_1O_1Y_1$、$\angle Y_1O_1Z_1$、$\angle X_1O_1Z_1$）。轴测轴上单位长度与其相应空间直角坐标轴上的单位长度的比值称为轴向伸缩系数，分别用 p、q、r 表示，即 $p=O_1X_1/OX$，$q=O_1Y_1/OY$，$r=O_1Z_1/OZ$。

根据投射方向和轴测投影面的相对关系，轴测投影分为正轴测投影和斜轴测投影。当形体长、宽、高三个方向的坐标轴与投影面相倾斜，投影线与投影面相垂直，形成的轴测投影称为正轴测投影；当形体两个方向的坐标轴（即一个面）与投影面平行，投影线与投影面倾斜，所形成的轴测投影，称为斜轴测投影。

一、正轴测图的绘制

（一）正轴测投影的参数

1. 正等测投影的参数

正等测轴测图画法简单，立体感较强，在工程上较为常用。其特点是轴间角 $\angle X_1O_1Y_1=\angle Y_1O_1Z_1=\angle X_1O_1Z_1=120°$。轴向伸缩系数也相等 $p=q=r=0.82$，但为了作图方便，通常简化伸缩系数为 1，即 $p=q=r=1$。这样画出来的图形要比实际的轴测图放大 1.22 倍，因此施工时不能从轴测图上直接量取尺寸。正等测轴测图作图时 OZ 轴按规定画成铅垂方向，如图 5-1 所示。

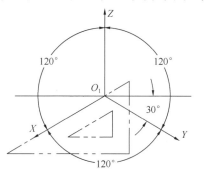

手机扫码
观看教程

图 5-1 正等测轴测图

2. 正二测投影的参数

正二测轴测图的轴间角 $\angle X_1O_1Y_1=\angle Y_1O_1Z_1=131°25'$，$\angle X_1O_1Z_1=97°10'$。轴向变形系数 $p=r=0.94$，$q=0.47$。为了画图方便，常取 $p=r=1$，$q=0.5$。画图时，Z 轴为铅垂线，X 轴与水平线的夹角为 $7°10'$（可用 $1:8$ 画出），Y 轴与水平线的夹角为 $41°25'$（可用 $7:8$ 画出）。正二测轴测图图形逼真，但作图较繁琐。如图 5-2、图 5-3 所示。

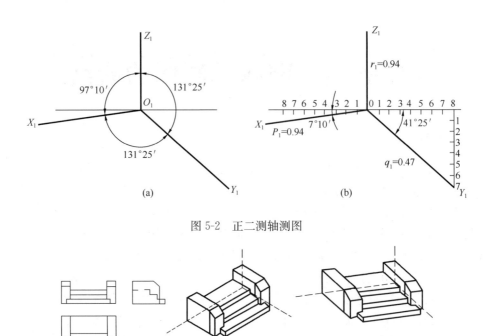

图 5-2　正二测轴测图

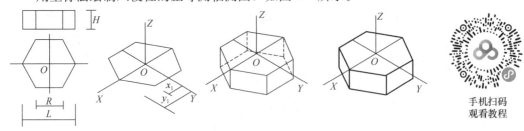

三面投影图　　　　　正等测轴测图　　　　　正二测轴测图

图 5-3　园林台阶的正等测轴测图和正二测轴测图

（二）正轴测投影图的画法

画轴测图时，常采用的方法有三种，即坐标法、叠加法和切割法。作图时应根据形体特点，选择适宜的作图方法。

1. 坐标法

坐标法是最基本的作图方法，其他作图方法均以坐标法为基础。

用坐标法绘制六棱柱的正等测轴测图，如图 5-4 所示。

图 5-4　坐标法绘制六棱柱的正等轴测图

手机扫码
观看教程

作图步骤：

1）在两视图上建立坐标轴。

2）画出轴测轴，根据轴测投影的平行性作出各点的轴测投影，并连成六棱柱的顶面轴测投影。

3）分别从各顶点向下量取六棱柱高度 H，连成底面的轴测投影。

4）擦除不可见的虚线部分，用粗实线加深物体的可见轮廓线，完成六棱柱的正等轴测图。

2. 切割法

有的形体可看成是由基本几何体经过截断、开槽、穿孔等变化而成的。画这类形体的轴测图时，可先画出完整的基本体轴测图，然后切去多余部分。

切割法求形体正等测轴测图的作图方法如图 5-5 所示。

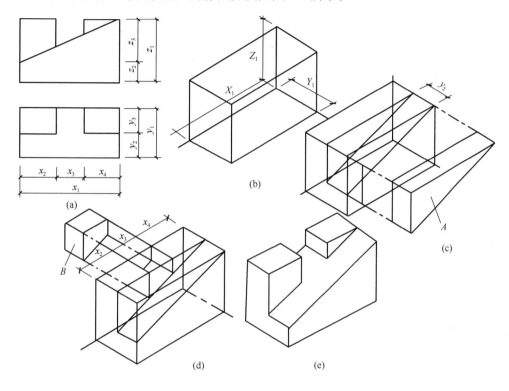

图 5-5　切割法绘制形体的正等轴测图

作图步骤：

1）先画出完整的长方体的正等测轴测图。

2）然后进行切割。切割时，数值必须沿着轴测轴量取。

3）擦去作图辅助线，描深可见轮廓线，完成作图。

3. 叠加法

将复杂的物体看作是由若干个简单几何体组合而成，采用自下而上逐个叠加的方法来绘制轴测图。

叠加法求形体的正等测轴测图的作图方法如图 5-6 所示。

作图步骤：

1）在两视图上建立坐标轴，画出轴测轴，完成底面长方体的正等测轴测图。

2）根据尺寸画出背板的正等测轴测图。

3）根据尺寸画出斜板的正等测轴测图。

4）擦去多余图线后描深轮廓线，完成作图。

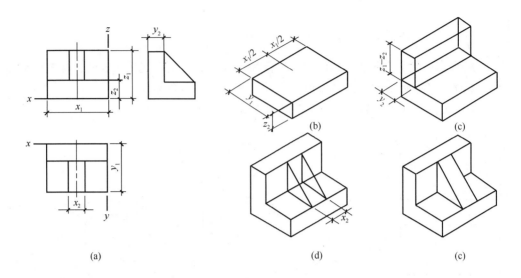

图 5-6　叠加法绘制形体的正等测轴测图

(三) 圆正轴测投影图的画法

一般情况下，圆的正轴测投影为椭圆，其作图方法通常是先作出圆的外切正方形作为辅助图形，再作出外切正方形的轴测图，然后用四心圆法或八点法作出圆的正轴测投影图。

1. 四心法作圆的轴测图

作图步骤：

1）在圆的正投影图上画出圆的外切正方形，如图 5-7（a）所示。

2）作外切正四边形的正等测轴测图，呈菱形，如图 5-7（b）所示。

3）将菱形的上下两个顶点分别与各边的中点进行连线，如图 5-7（c）所示。

4）分别以 1、2 点为圆心，以 1B、2A 长为半径作出圆的上下两段弧的轴测投影。

5）再分别以 3、4 点为圆心，以 3A、4D 长为半径作出圆的左右两段弧的轴测投影。如图 5-7（d）所示。

6）连接各段圆弧，完成圆的正等测轴测图。

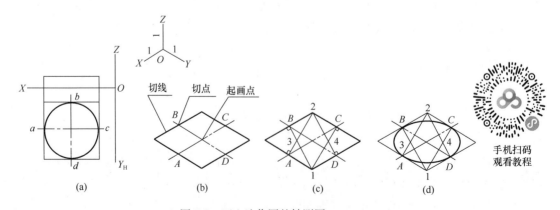

图 5-7　四心法作圆的轴测图

（a）视图；（b）画圆的外切正方形；（c）求 4 段圆弧的圆心；（d）画出 4 段圆弧

2. 八点法作圆的轴测图

作图步骤：

1）在圆的正投影图上画出圆的外切正方形，并八等分圆。

2）作外切正四边形的正二测轴测图，图中 a_1c_1，b_1d_1 为中心线的轴测投影，点 a_1、c_1、b_1、d_1 为圆周上的四个点。

3）以 b_1、n_1 为斜边作等腰直角三角形，直角顶点为 s_1。

4）以 b_1 为圆心，b_1s_1 为半径作弧交 b_1n_1 于 p_1，再过 p_1 作 b_1d_1 的平行线交四边形的对角线于 f_1、g_1。同样方法求出另外两点 e_1、h_1。

5）用光滑的曲线连接 a_1、e_1、b_1、f_1、c_1、g_1、d_1、h_1 八个点，所得到的椭圆即为圆的正二测轴测图，如图 5-8 所示。

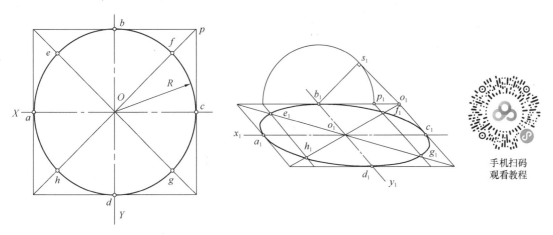

图 5-8　八点法作圆的轴测图

二、斜轴测图的绘制

（一）斜轴测投影的参数

1. 正面斜二测投影

当空间形体的一个立面与投影面平行时，形成的投影图叫正面斜轴测图，其常用轴间角及变形系数如图 5-9 所示。其中正面斜二测轴测图较为常用。

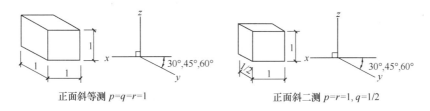

正面斜等测 $p=q=r=1$　　正面斜二测 $p=r=1,q=1/2$

图 5-9　正面斜轴测图

2. 水平斜轴测投影

当空间形体的水平面与投影面平行时，形成的投影图叫水平斜轴测图，其常用轴间角及变形系数如图 5-10 所示。其中水平斜等测轴测图较为常用。

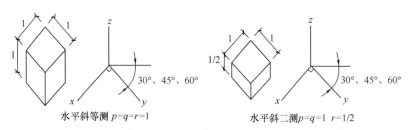

图 5-10　水平斜轴测图

（二）斜轴测投影图的画法

1. 园林景墙的正面斜二测轴测图的画法

作图步骤：

该物体的主视图反映形状特征，各侧棱平行于 OY 轴，故选用正面斜轴测图，宽度方向的尺寸取实长的一半。

1）在视图上定坐标原点、坐标轴。如图 5-11（a）所示。

2）作正面斜轴测图的轴测轴，OX 轴垂直于 OZ 轴，OY 轴与水平线夹角取 45°。并画出所给投影图的正面斜轴测图。如图 5-11（b）所示。

3）从各顶点引 OY 轴的平行线，并取实长宽度的一半得侧棱的轴测图。如图 5-11（b）所示。

4）连接后面各点，擦去多余的作图线，加深可见轮廓线，完成作图。如图 5-11（c）所示。

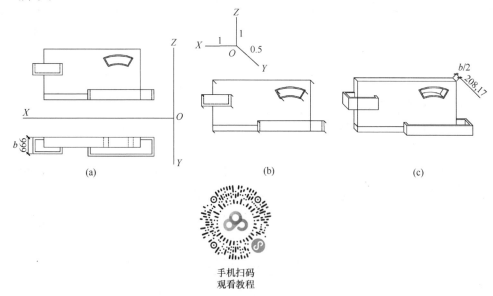

手机扫码
观看教程

图 5-11　园林景墙正面斜二测轴测图的画法
（a）视图；（b）画参照轴测轴；先画前立面，再画可见侧棱；（c）画后表面，检查加深

2. 某居住小区的水平斜轴测图的画法

作图步骤：

1）根据水平斜轴测图轴测轴的位置，将总平面图，如图 5-12（a），按逆时针方向旋转到合适角度，如图 5-12（b）所示。

2）在总平面图上立高，并连接各点，完成轴测图底稿，如图 5-12（c）、（d）所示。

3）擦除多余图线，加深图线得到该建筑群的水平斜轴测图，如图 5-12（e）所示。

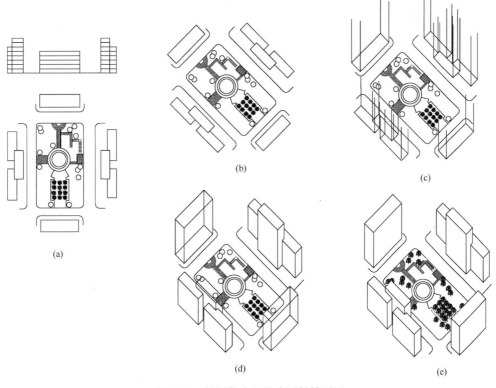

图 5-12　某居住小区的水平斜轴测图

 任务实施

1. 绘制园林花台景墙正面斜二测轴测图。

参考步骤：

1）根据投影图选择合适的坐标原点（为了作图方便选择基础上表面对称中心为坐标原点）。

2）绘制正面斜二测轴测图的轴测轴。OX 轴与 OZ 轴垂直，OY 轴与水平线夹角 45°。

3）绘制景墙的正面斜二测轴测图。OX 轴、OZ 轴方向长度不变，OY 轴方向长度取原长度的一半。

4）绘制景墙上半圆形花台的正面斜二测轴测图。参考圆的轴测图画法，完成花台景墙的正面斜二测轴测图。步骤如图 5-13 所示。

2. 绘制某小区的水平斜轴测图。

参考步骤：

1）将平面图逆时针旋转 30°。

2）根据立面图在平面图上立高。

3）擦除多余图线，加深可见图线得到该小区的水平斜轴测图。

4）添加配景，进行图面装饰，如图 5-14 所示。

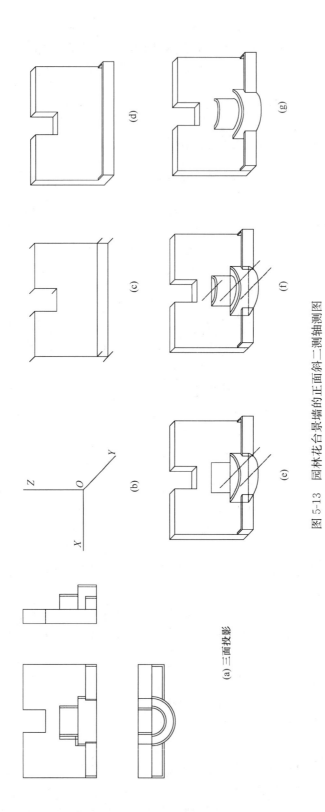

图 5-13　园林花台景墙的正面斜二测轴测图

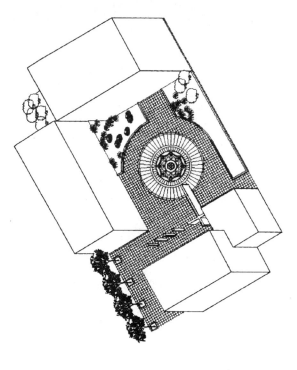

图 5-14　某小区水平斜轴测图

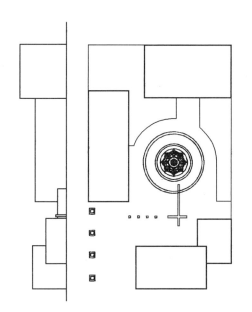

任务二　园林透视图的绘制

 相关知识

一、透视图常用术语、符号及种类

(一) 透视图的形成

透视是日常生活中极为常见的现象。如图 5-15 所示，透视图就是由人眼引向物体的视线（直线）与竖直平面的交点的集合，所以透视图就是中心投影，竖直平面就是画面，人眼就是投影中心，称为视点，人眼与物体上各个点的连线，称为视线，与画面的交点就是物体的透视。在初步设计阶段，画透视图能直观地展现景观效果，进行方案的推敲，选取最佳的设计。

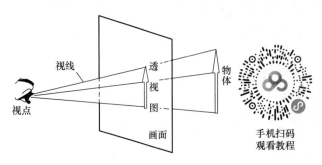

图 5-15　透视图的形成

(二) 透视图的常用术语及其符号

学习透视作图，首先需要学习透视图中常用的专业术语及其符号，如图 5-16 所示。

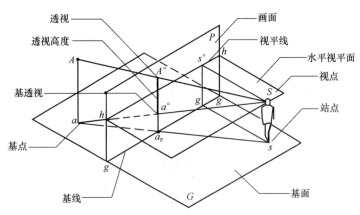

图 5-16　透视的术语、符号

1. 基面 G：放置景物的水平面，相当于投影面 H。

2. 画面 P：透视图所在的平面，画面一般垂直于基面，画面在基面上的正投影用 pp 表示。

3. 基线 gg：基面 G 和画面 P 交线。

4. 视点 S：相当于人眼所在的位置，即为投影中心。

5. 站点 s：视点 S 在基面上的正投影，相当于观察者的站立点。

6. 心点 $s°$：视点 S 在画面上的正投影，又称视中心点、主视点。

7. 视线：视点 S 与所画景物各点的连线。

8. 中心视线 $Ss°$：视点 S 与心点 $s°$ 的连线，又称主视线。

9. 视高 Ss：视点 S 到站点 s 的距离，即人眼的高度。

10. 视距：视点到画面的距离。

11. 视平面：过视点 S 所作的水平面。

12. 视平线 hh：视平面与画面的交线。

13. 透视：空间任意一点 A 与视点的连线（即过点 A 的视线 SA）与画面的交点就是空间点 A 在画面上的透视，用 $A°$ 表示。

14. 基透视：空间任意点在基面上的正投影 a 称为空间点的基点。基点 a 的透视 $a°$ 称为基透视或次透视。

15. 透视高度：空间点 A 的透视 $A°$ 与基透视 $a°$ 之间的距离 $A°a°$ 为 A 的透视高度，且始终位于同一铅垂线上。

16. 真高线：如果 A 在画面内，这样 Aa 的透视就是其本身。通常把画面上的铅垂线称作真高线。

17. 迹点：不与画面平行的空间直线与画面的交点称为直线的画面迹点，常用字母 T 表示。迹点的透视 $T°$ 即其本身。如图 5-17 所示。

18. 灭点：直线上距画面无限远的点的透视称为直线的灭点，常用字母 F 表示。如图 5-17 所示。

19. 全透视：迹点与灭点的连线称为直线的全透视，直线的透视必然在该直线的全透视上。如图 5-17 所示，TF 为直线的全透视，$A°B°$ 必在 TF 上。

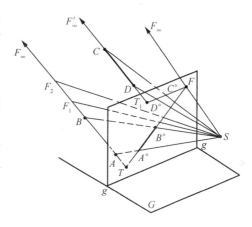

图 5-17　直线的迹点、灭点、全透视

（三）透视图的种类

根据物体（或景物）长、宽、高三个方向的主要轮廓线相对于画面 P 的位置关系，透视图可分为以下几种类型：

1. 一点透视（平行透视）

当空间物体有一个面与画面平行时所形成的透视称为一点透视，又称平行透视。在一点透视中，空间物体的三个方向的轮廓线中有两组与画面平行，一组与画面垂直，并且其灭点就是心点 $s°$，如图 5-18 所示，一点透视的图像平衡、稳重，较适宜表现场面宽广或纵深较大的景观，如图书馆、纪念堂及门廊、入口等。

2. 两点透视（成角透视）

当空间物体三个方向的轮廓线只有铅垂线与画面平行时所形成的透视称为两点透视，也称成角透视。两点透视中空间物体的两组轮廓线形成了两个灭点，如图 5-19 所示。两点透视的效果真实自然，形象活泼，适合表达各种环境和气氛的建筑物或园林景观。

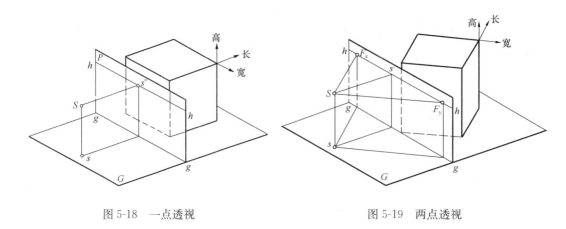

图 5-18　一点透视　　　　　　　　　　图 5-19　两点透视

3. 三点透视

如果画面倾斜于基面,即画面与物体的三个主方向轮廓线均相交,物体与画面有三个灭点,这样的透视称为三点透视。因为画面是倾斜的,所以又称为斜透视,这里不作重点介绍。

二、绘制透视图的基本技法

(一) 绘图方法

在作透视图时根据作图原理的不同,分为视线法、量点法和距点法。

1. 视线法

平面图形的透视:

平面图形的透视,就是组成平面图形周边的轮廓线的透视。如果平面图形是直线多边形,其透视与基透视一般仍为直线多边形,且边数保持不变。

如图 5-20 所示,已知基面上的平面图形 abcd,画面的位置、站点、视高,用视线法求其两点透视。

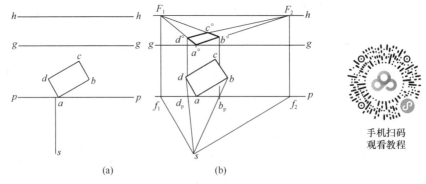

手机扫码
观看教程

图 5-20　视线法作平面图形的透视
(a) 已知　(b) 作图

作图步骤:

1) 迹点:由于 a 点在画面上,所以其透视为本身,a 为直线 ab、ad 的迹点。由 a 向上作垂线,交 gg 线于 a°。

2）求灭点：过 s 分别作 ad、ab 的平行线，交 pp 于 f_1 和 f_2，由 f_1 和 f_2 向上作垂线，交 hh 于 F_1、F_2，F_1、F_2 即为 ab、dc 及 ad、bc 的灭点。

3）作全透视：连接 $a°F_1$ 和 $a°F_2$。

4）连接 sd 交 pp 线于 d_p 点，由 d_p 点向上引垂线交 $a°F_1$ 于 $d°$ 点，则 $d°$ 点为 d 点的透视，同理得 b 点的透视 $b°$。

5）连接 d_0F_2 和 b_0F_1，两线相交于 c_0，则 $a_0b_0c_0d_0$ 为平面 $abcd$ 的两点透视。

形体的透视：

形体的透视是先将形体的基透视绘出，然后竖立起各部分的透视高度，从而完成形体轮廓的透视。

已知如图 5-21 所示的形体及画面的位置、站点、视高，用视线法求其立体透视。

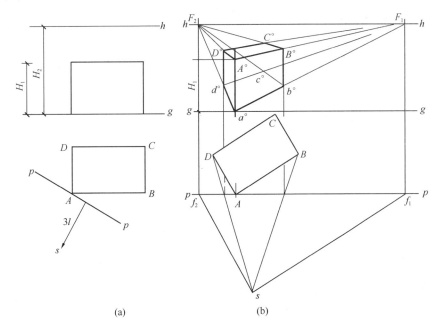

(a)　　　　　　　　　　　(b)

图 5-21　视线法作形体的透视

(a) 已知；(b) 作图

作图步骤：

1）作基透视　即作 $a°b°c°d°$（方法见上例）。

2）确定透视高度　由于 A 点在画面上，A 的透视高度反映真实高度，量取 $A°a°$ 等于形体的高度 H_1，得到上顶面的 $A°$ 点。

3）作出顶面的透视 $A°B°C°D°$　连 $A°F_1$ 和 $A°F_2$，过 $b°$、$d°$ 点分别作铅垂线交 $A°F_1$ 和 $A°F_2$ 即得 $B°$、$D°$，再连 $B°F_2$ 和 $D°F_1$ 交于 $C°$。

4）加深形体外形轮廓，完成作图。

2. 量点法

利用量点作透视图的方法叫量点法。

平面图形的透视：

如图 5-22 所示，已知基面上的平面 $ABCD$ 及画面的位置、站点、视高，用量点法求其透视。

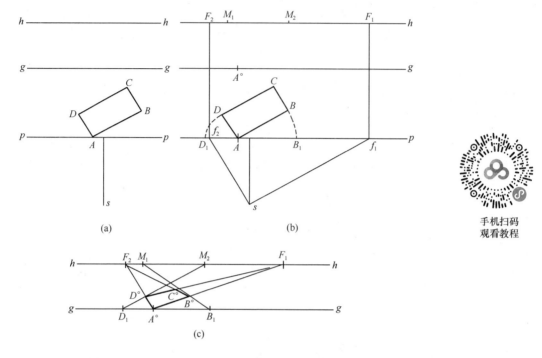

图 5-22　量点法作平面透视

（a）已知；（b）作图（一）；（c）作图（二）

作图步骤：

1）作灭点：过 s 分别作 AB、AD 的平行线，交 pp 于 f_1 和 f_2，由 f_1、f_2 向上作垂线交 hh 于 F_1、F_2，F_1 为 AB 和 DC 的灭点，F_2 是 AD 和 BC 的灭点。

2）求量点：在视平线上量取 $M_1F_1 = sf_1$，$M_2F_2 = sf_2$，即得 M_1、M_2。

3）求辅助点：在画面上量取 $A°B_1 = AB$、$A°D_1 = AD$，得到 B_1D_1（实长点）。

4）连接 $A°F_1$、$A°F_2$ 和 B_1M_1、D_1M_2，$A°F_1$ 与 B_1M_1 相交于 $B°$，$A°F_2$ 于 D_1M_2 相交于 $D°$，$D°F_1$ 于 $B°F_2$ 相交于 $C°$，则 $A°B°C°D°$ 为所求。

形体的透视：

用量点法作形体的透视，确定透视高度的方法与视线法相同，如图 5-23 所示，如果平面 $ABCD$ 的高度为 Z，在基面上的透视为 $abcd$，那么，在迹点 a 处立高 $Aa = Z$，再由 A 作出顶面 BCD 即可。

3. 距点法

一点透视的画面只产生一个灭点，即心点 $s°$。在实际作图时，只需按点 A、B 对画面的距离，直接在基线上量得点 $A°$ 及 $B°$ 即可。点 D 到 $s°$ 的距离，正好等于视点到画面的距离。利用点 D 可按画面垂直线上的点对画面的距离，求得该点的透视，因此点 D 称为距点。距点 D 可取在心点 $s°$ 的左侧或右侧。

已知图 5-24 的方格网及视高 H，用距点法作其一点透视。

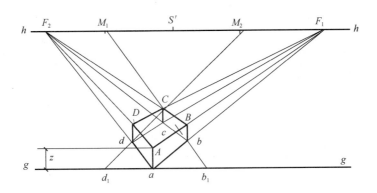

图 5-23　量点法作形体透视

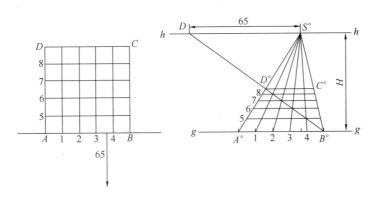

图 5-24　方格网的一点透视

作图步骤：

1）定出透视参数，画出视平线、基线，定出站点的位置。

2）确定距点 D 的位置，连接 $B°D$，即为 45°对角线的透视方向。

3）在基线上从 $A°$ 开始向一侧量取等距离网格点，并分别向心点 $s°$ 连线，得到网格线的透视方向线。

4）过各网格线与 $B°D$ 的交点分别作水平线，即得一点透视网格。

（二）形体透视的参数

1. 集中真高线

空间点的透视高度一般是利用真高线的概念来求的。即当点在画面上时，其透视就是该点本身，点的透视高度反映点的空间真实高度，通常称为真高线。如作较复杂景物的透视，因为高低层次较多，为了避免每确定一个点的透视高度就要画一条真高线，可以利用一条真高线来确定图中任一位置的透视高度，这样的真高线称为集中真高线。

已知画面中 S 点为辅助灭点，a、b 两点树高相同，真实高度均为 oa，c 点树的真实高度为 oc，利用集中真高线原理求得树的透视高度分别为 $aA°$、$bB°$、$cC°$。如图 5-25 所示。

2. 视点的确定

视点、画面和物体是形成透视图的三个基本要素。这三者之间的相对位置关系直接影响到透视图的最终效果，选择好适宜的透视参数对作透视图尤为重要。视点的确定包括确定站点的位置及视高。

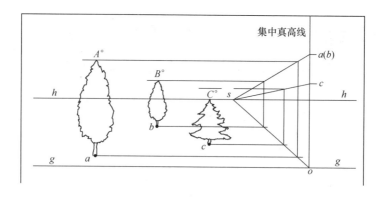

图 5-25　集中真高线

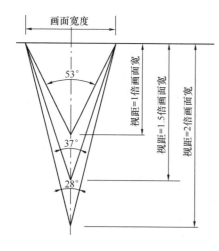

图 5-26　视距与画面宽度关系

1）确定站点的位置

站点的位置应当在符合人眼视觉要求的位置上。画透视图时，主要是通过调整视距来控制视角的。经计算，当视距等于画面宽度的 1.5～2.0 倍，视角在 28°～37°范围内，站点的位置位于画面中间的 1/3 的范围内时，画出的透视图效果最好，如图 5-26、图5-27所示。

2）视高的确定

视高通常取人眼的实际高度约 1.5～1.8m，以获得人们正常观察景物时的透视效果。视高有时也与景物的总高有关。景物较高，可适当提高视高，景物较低，则应适当降低视高。此外，视高还与透视图想要达到的效果有关，若要表现景物的高耸雄伟，可适当降低视高；若要表达大范围的景观效果（即鸟瞰图），则应提高视高，如图 5-28 所示。

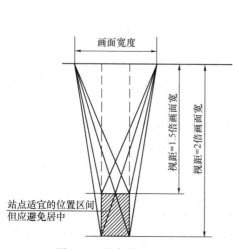

图 5-27　站点位置的选择

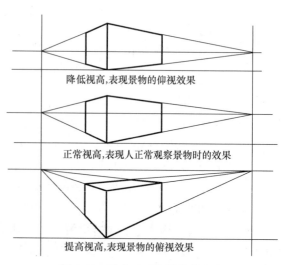

图 5-28　视高对透视效果的影响

3. 画面位置的确定

一点透视应使画面通过形体的一个主立面，两点透视应使画面通过形体的一个转角，这样便于确定形体的透视高度。两点透视中画面与主立面间的夹角为画面偏角，当画面偏角为30°时，透视图中的形象比例合适，主次分明，效果较好（图5-29）。选择画面偏角时还应注意避免建筑物的两个立面与画面的偏角相等，否则所画立面形象呆板，效果差（图5-30）。画面的选择还应注意所绘透视图能否反映形体的主要特征（图5-31）。

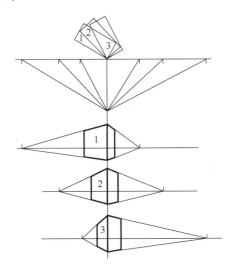

图5-29　画面偏角大小对透视图的影响

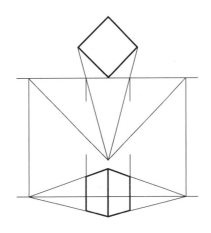

图5-30　建筑物两立面与画面偏角相等

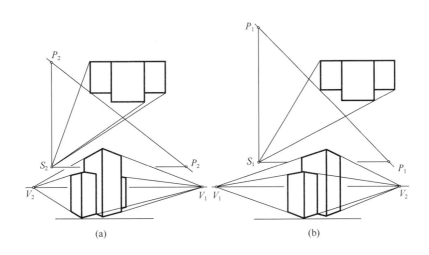

(a)　　　　　　　　　　　　　　　　(b)

图5-31　透视图应能反映形体的主要特征

三、绘制鸟瞰图

由于鸟瞰图视点位置比较高，表现多为全局景观，因此鸟瞰图在园林设计效果图表现中被广泛应用。一般采用网格法作鸟瞰图，尤其对于不规则图形和曲线图形较多的园林设计图，其透视是向多方向的灭点消失，如果采用其他方法绘制透视图是很不方便的，而利用网格法作鸟瞰图则比较方便。

（一）一点透视网格画法

作图步骤：如图 5-32 所示。

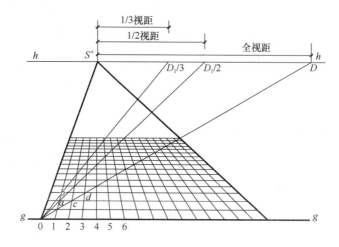

图 5-32　一点透视网格的作法

1）定出透视参数，画出视平线 hh、基线 gg，定出站点 s 的位置。

2）确定距点 D 的位置，连接 0D，即为 45°对角线的透视方向。

3）在基线上从 0 开始向一侧量取等距离网格点，并分别向心点 $s°$ 引线，得到网格线的透视方向线。

4）过各网格线与 0D 的交点分别作水平线，即得一点透视网格。

当距点太远时，可选用 1/2 或 1/3 的视距点来代替，具体做法为：将 0 点与 D1/2（或 D1/3）相连，与 $1s°$ 交于点 a（或 b），过点 a（或 b）作水平线，与 $2s°$（或 $3s°$）相交于点 c（或点 d），连接点 c（或点 d）和点 0，即为所求的 45°角的透视方向线。

（二）两点透视网格画法

1. 一般两点透视网格画法

作图步骤：如图 5-33 所示。

1）根据平面网格图，分别确定灭点 F_x 和 F_y，量点 M_x 和 M_y，基线 gg 和视平线 hh。

2）从基线上点 O 分别向灭点 F_x 和 F_y 引透视方向线，并向两侧量取网格边 OA 和 OB，并将其等分。

3）将 OA 和 OB 上各等分点分别与量点 M_x 和 M_y 相连，并与 OF_x 和 OF_y 相交，所得的交点再分别与灭点 F_x 和 F_y 相连即可得两点透视网格。

2. 对角线画法

作图步骤：如图 5-33 所示。

1）沿 gg 线上的 O 点向一侧量取网格边 OA 并按网格数等分 OA，从其上的等分点向 M_y 引直线，与 OF_y 相交，由交点向 F_x 引直线可得 F_x 方向线的透视线。

2）在视平线 hh 上定出对角线灭点 F_{45}（45°线的灭点），连接 OF_{45} 交 AF_x 于点 C，得 OC 的透视线。

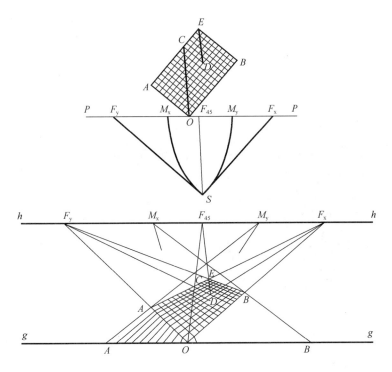

图 5-33　两点透视网格的作法

3）连接 CF_y 并延长交 F_x 方向线于点 D，从 D 向 F_{45} 引直线交 AF_x 于点 E，得 DE 透视线。

4）过已作的 F_x 方向线与 OC 和 DE 的交点，向 F_y 引直线便得透视网格。

 任务实施

1. 如图 5-34 所示，已知小游园的平面和立面，观察者的视高和视点及画面位置。求作该小游园的一点透视鸟瞰图。

参考步骤：

1）根据小游园平面图的复杂程度，确定网格的单位尺寸，并在小游园平面图上绘制网格，进行编号，通常横向网格采用阿拉伯数字，纵向网格采用英文字母来编号，如图 5-34 所示。

2）定出基线 gg，视平线 hh 和心点 $s°$，如图 5-35 所示。

3）在视平线 hh 上于 $s°$ 的右边量取距点 D，并按照绘制一点透视网格的方法，把平面图上的网格绘制成一点透视图，如图 5-35 所示。

手机扫码
观看教程

4）根据景物在平面网格上的位置，按照透视规律，将其定位到透视网格的相应位置上，完成景物的基透视，如图 5-35 所示。

5）在网格透视图的右边设一集中量高线，借助网格透视线，分别作出各个景物的透视高，如图 5-35 所示。

6）运用表现技法，绘制各设计要素，然后擦去被挡部分和网格线，完成景物的一点透视鸟瞰图。如图 5-36 所示。

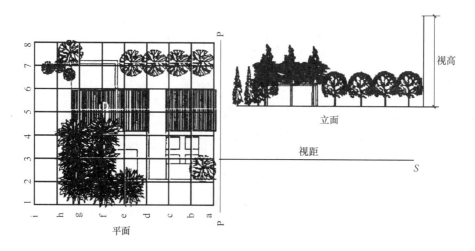

图 5-34　小游园的平、立面及透视参数

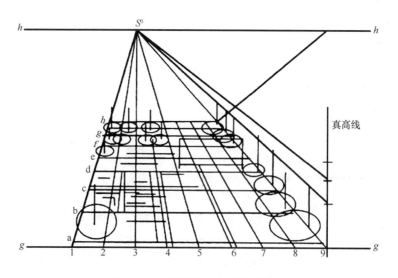

图 5-35　小游园的一点透视基透视

图 5-36　小游园的一点透视鸟瞰图

2. 绘制如图 5-37 所示某广场的两点透视鸟瞰图

参考步骤：

1）按一定比例抄绘景物的平面图。

2）在平面图上绘制网格线，横、纵向网格分别编写相应的序号，如图 5-37 所示。

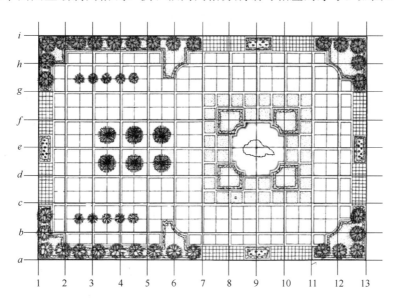

图 5-37　某广场的两点透视平面方格网

3）确定画面位置。在平面图上取主要面与画面夹角为 30°。

4）确定站点的位置。自景区两角向画面 pp 作垂线，确定景区宽度范围 B，在 B 线段三分之一或二分之一处取适当的点作 pp 的垂线，确定主视线（中心视线）。在主视线上量取 B 线段长的 1.5～2.0 倍的点，确定站点 s。

5）确定视高。画鸟瞰图时，视高通常是最大高度的 3～5 倍。

6）确定透视参数，定出基线 gg，视平线 hh，以及心点的位置。

7）确定灭点 F_x 和 F_y、量点 M_x 和 M_y。

8）绘制网格的透视图，可放大若干倍，并作与平面网格相应的编号。

9）利用网格坐标平面将平面图中的各个景物，按照透视规律定位到透视网格的相应位置上，画出园景的基透视，如图 5-38 所示。

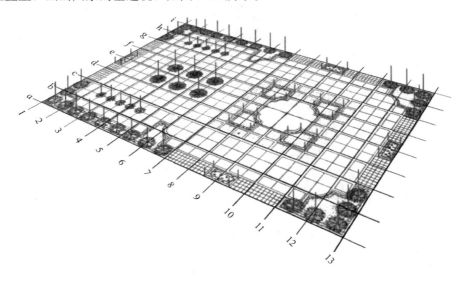

图 5-38　某广场两点透视的基透视

10）利用集中真高线，借助网格透视线分别作出各个设计要素的透视高。

11）运用表现技法，绘制各设计要素，最后进行修饰。

12）擦去被遮挡部分和网格线，加深各个景物，完成广场的鸟瞰图绘制。结果如图 5-39所示。

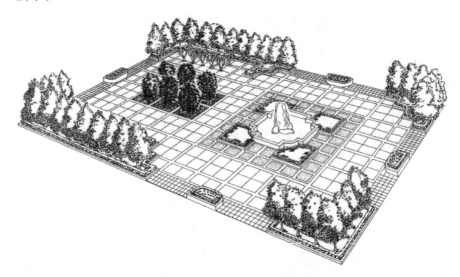

图 5-39　某广场的两点透视最终效果

技能训练

技能训练一　绘制小游园正等测轴测图

1. 目的

掌握正等测轴测投影图的作图方法和步骤。

2. 任务

求作如图 5-40 所示某小游园的正等测轴测投影图。

3. 步骤

1）确定两视图中坐标轴的位置。

2）作轴测轴，作出游园平面图的正等测投影。

3）将轴测投影面上的建筑和植物景观立高；擦除多余图线，加深可见图线得到该居住区的正等测轴测图。

4）添加配景，进行图面装饰，如图 5-41 所示。

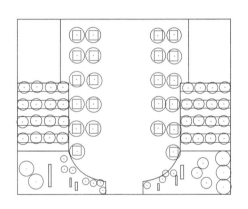

图 5-40　小游园平面图

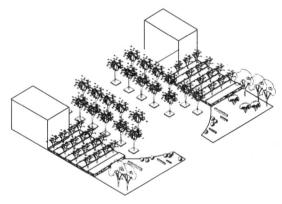

图 5-41　小游园正等测轴测投影图

技能训练二　绘制某居住小区水平斜轴测图

1. 目的

掌握水平斜轴测投影图的作图方法和步骤。

2. 任务

求作如图 5-42 所示某居住小区的水平斜轴测投影图。

3. 步骤

1）将小区平面图逆时针旋转 30°。

2）将平面图上的建筑和植物景观立高。

3）擦除多余图线，加深可见图线得到该居住区的水平斜轴测图。

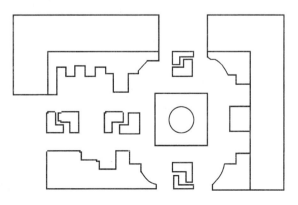

图 5-42　某居住小区平面图

4）添加配景，进行图面装饰。如图 5-43 所示。

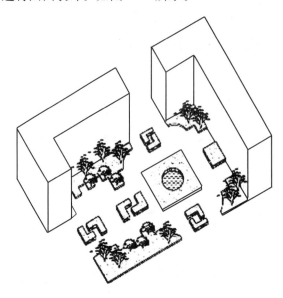

图 5-43　某居住小区水平斜轴测投影图

技能训练三　绘制某小区的两点透视鸟瞰图

1. 目的

掌握绘制两点透视鸟瞰图的方法；提高学生绘制透视图的水平，培养学生绘制绿地效果图的能力。

2. 任务

绘制如图 5-44 所示某小区的两点透视鸟瞰图。

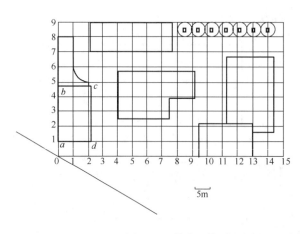

手机扫码
观看教程

图 5-44　某小区的平面图和立面图

3. 步骤

1）按一定比例抄绘景物的平面图。

2）根据小区平面图的复杂程度，确定网格的单位尺寸，并在园景平面图上绘制网格，进行编号。如图 5-44 所示。

3）确定画面位置。在平面图上取主要面与画面夹角为 30°。

4）确定站点的位置。自景区两角向画面 pp 作垂线，确定景区宽度范围 B，在 B 线段三分之一或二分之一处取适当的点作 pp 的垂线，确定主视线（中心视线）。在主视线上量取 B 线段长的 1.5～2.0 倍的点，确定站点 s。

5）确定视高。画鸟瞰图时，视高通常是最大高度的 3～5 倍。

6）确定灭点 F_x 和 F_y、量点 M_x 和 M_y。

7）绘制网格的透视图，可放大若干倍，并作与平面网格相应的编号。

8）利用网格坐标平面将平面图中的各个景物，按照透视规律定位到透视网格的相应位置上，完成园景的基透视。如图 5-45 所示。

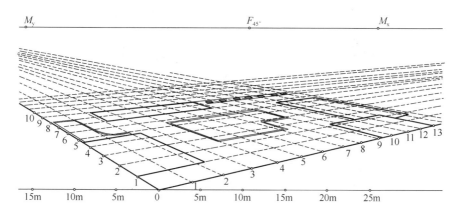

图 5-45　某小区的平面基透视

9）利用集中真高线，借助网格透视线分别作出个设计要素的透视高。

10）运用表现技法，绘制各设计要素，最后进行修饰。

11）擦去被遮挡部分和网格线，加深各个景物，完成园景的鸟瞰图绘制。结果如图 5-46 所示。

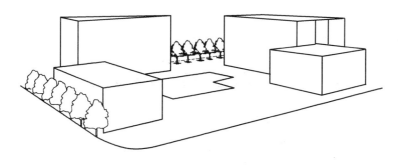

图 5-46　某小区的透视鸟瞰图效果

技能训练四 绘制某别墅庭院的一点透视鸟瞰图

1. 目的

掌握绘制一点透视鸟瞰图的方法；提高学生绘制透视图的水平，培养学生绘制绿地效果图的能力。

2. 任务

绘制如图 5-47 所示某别墅庭院的一点透视鸟瞰图。

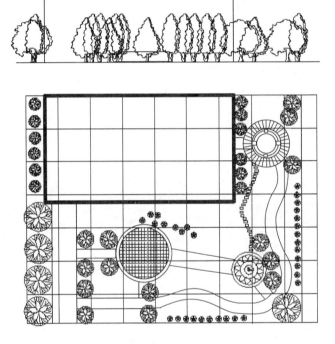

图 5-47 某别墅庭院平面图与立面图

3. 步骤

1）按一定比例抄绘景物的平面图。

2）在平面图上绘制网格线，如图 5-47 所示。

3）确定画面位置。画面平行于方格网水平网格线。

4）确定站点位置和视高。定出基线 gg，视平线 hh，以及心点的位置。

5）依据透视原理求出 ab 方向和 bc 方向的灭点。

6）绘制网格的一点透视图并利用网格坐标平面将平面图中的各个景物，按照透视规律定位到透视网格的相应位置上，完成基透视。

7）利用集中真高线，借助网格透视线分别作出个设计要素的透视高。

8）运用表现技法，绘制各设计要素，最后进行修饰。

9）擦去被遮挡部分和网格线，加深各个景物，完成园景的鸟瞰图绘制，如图 5-48 所示。

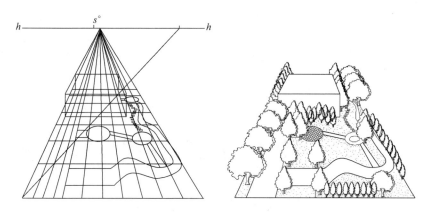

图 5-48　某别墅庭院一点透视鸟瞰图

项目六 园林工程施工图的绘制与识读

【内容提要】

园林工程施工图表示园林工程范围内各项单体工程设计内容、施工要求和施工做法等内容，通过本项目的学习，学生能够掌握园林工程图绘制的方法步骤与要求，能准确识读园林竖向设计、园路工程、假山工程、水景工程施工图纸。

【知识目标】

理解园林工程施工图的特点。
掌握园林工程施工图绘制方法与要求及阅读方法。

【技能目标】

能阅读园林工程施工图。
能绘制园林竖向设计、园路工程、假山工程、水景工程施工图。

任务一 竖向设计施工图的绘制与识读

相关知识

竖向设计是指从园林的实用功能出发，对园林地形、地貌、建筑、道路、广场等进行综合竖向设计，统筹安排园内各景点、设施和地貌景观之间的关系；使地上的设施和地下的设施之间、山水之间、园内和园外之间在高程上有合理的关系。竖向设计图主要

112

表达竖向设计所确定的各种造园要素及坡度和各点高程，如各景点、景区的主要控制标高；主要建筑群的室内控制标高；室外地坪、水体、山石、道路、各出入口及地表的现状和设计高程，地面排水方向和雨水口的位置及标高等。

竖向设计图主要为土方工程的调配预算、地形改造的施工方法与要求提供依据。

一、竖向设计施工图的绘制内容

1. 指北针，图例，比例，文字说明，图名。文字说明中应该包括标注单位、绘图比例、高程系统的名称、补充图例等。

2. 现状与原地形标高，地形等高线。当地形较为复杂时，需要绘制地形等高线放样网格。坐标网格采用细实线绘制，网格间距取决于施工的需要以及图形的复杂程度。

3. 最高点或者某些特殊点的坐标及该点的标高。如：道路的起点、变坡点、转折点和终点等的设计标高、纵坡度、纵坡距、纵坡向、平曲线要素、竖曲线半径、关键点坐标；建筑物、构筑物室内外设计标高等。

4. 地表排水方向和排水坡度。利用箭头表示排水方向，并在箭头上标注排水坡度，对于道路或者铺装等区域除了要标注排水方向和排水坡度之外，还要标注坡长。一般排水坡度标注在坡度线的上方，坡长标注在坡度线的下方（图6-2）。

5. 绘制重点地区、坡度变化复杂的地段的地形断面图，并标注标高、比例尺等。当工程比较简单时，竖向设计施工平面图可与施工放线图合并。

二、竖向设计施工图的绘制方法和要求

1. 根据设计项目的用地范围和图样复杂程度，确定绘图比例，竖向设计平面图一般选用与总平面图相同的绘图比例。

2. 选择图纸幅面并进行图面布局，标注定位尺寸或坐标网格，绘制时尽可能使方格某一边落在某一固定建筑设施边线上，每一网格边长可为5m、10m、20m等，按需而定。应按顺序对方格网编号，一般规定：横向从左到右，用阿拉伯数字编号；纵向自下而上，用大写拉丁字母编号，并按测量基准点的坐标，标注出纵横第一网格坐标，如图6-1所示。

3. 根据设计地形的起伏变化情况选择等高距，绘制等高线。城市园林的设计地形大多为微地形，根据园林绿地竖向设计意图，确定等高距，用细实线绘出设计地形等高线，用细虚线绘出原地形等高线；如果需要，用细单点长画线绘制汇水线和分水线。等高线上应标注高程，高程数字处等高线应断开，高程数字的字头应朝向山头，数字要排列整齐。一般用相对高程表示地形的起伏变化，周围平整地面高程为±0.00，高于地面为正，数字前"＋"号省略；低于地面为负，数字前应注写"－"号。高程单位为m，要求保留两位小数。如图6-1所示。

4. 标注标高和排水方向。建筑应标注室内地坪标高；广场应在主要特征点标注标高，根据坡度，用单箭头标注雨水排出方向，在箭头的一侧或一端注写坡度数字，并在图上标有排水口的位置。如图6-1所示，广场中北侧两处入口处标高为0.00m，台阶最高处为0.30m，东北方向有一六角亭，亭内地面标高为2.70m；该广场中心偏南有一平台标高为0.30m；广场有几处微地形，箭头表示排水方向，排水良好；广场地势南高北

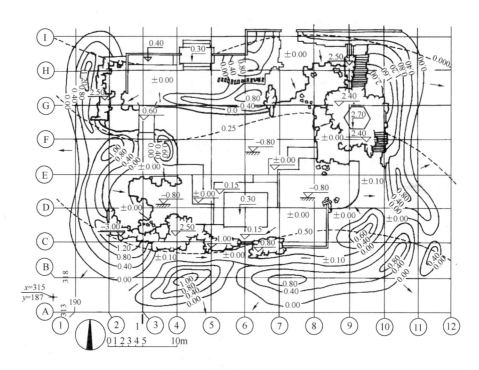

图 6-1　广场竖向设计方法示例

低。道路高程一般标注在交汇、转向、变坡处,标注位置以圆点表示,圆点上方标注高程数字,并用单箭头指出排水方向并注写道路坡度及长度数字。从图 6-2 可见,道路两个交叉口中心标高分别为 4.80m 和 5.15m,坡度为 1%,长度为 35m,东(右)高西(左)低。山石用标高符号标注山石最高部位的标高;当湖底为平面时,用标高符号标注湖底高程,标高符号下面应加画短横线和 45°线表示湖底。必要时,可绘制出某一局部剖面图,以便直观地表达该剖面上竖向变化情况,如图 6-3 所示。

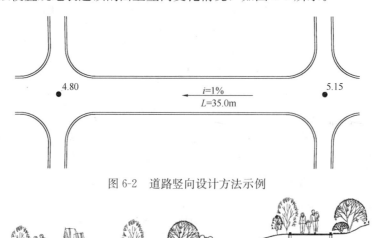

图 6-2　道路竖向设计方法示例

图 6-3　园林竖向设计剖面图示例

5.编写设计说明。简要说明施工技术要求及做法，如施工放线依据、夯实程度、工程要求的地形处理及客土要求等。

6.绘制指北针或风玫瑰图，注写比例尺，填写标题栏。

任务实施

绘制并阅读图 6-4 所示的广场竖向设计施工图。

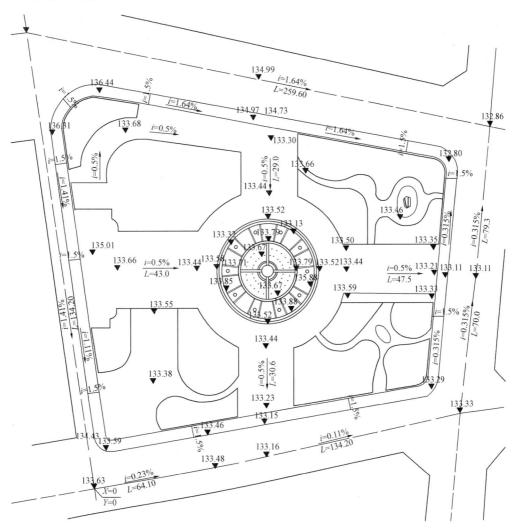

图 6-4　广场竖向设计施工图

参考步骤：

1.看图名、比例、指北针、文字说明。了解工程名称、设计内容、所处方位和设计范围。

2.看等高线的含义。看等高线的分布及高程标注，了解地形高低变化。

3.看建筑、广场、道路高程和排水方向。

任务二 园路工程施工图的绘制与识读

 相关知识

园路在园林中起着组织交通、引导游览、组织景观、划分空间、构成园景的作用。园路施工图主要包括路线平面设计图、路线纵断面图、平面铺装详图和路基横断面图，用来说明园路的游览方向和平面位置、线形状况、沿线的地形和地物、纵断面标高和坡度、路基的宽度和边坡、路面结构、铺装图案、路线上的附属构筑物如桥梁、涵洞、挡土墙的位置等。

一、园路工程施工图的绘制内容

园路工程施工图具体内容包括：

1. 指北针（或风玫瑰图），绘图比例（比例尺），文字说明。

2. 道路、铺装的位置、尺度、主要点的坐标、标高以及定位尺寸。

3. 小品主要控制点坐标及小品的定位尺寸。

4. 地形、水体的主要控制点坐标、标高及控制尺寸。

5. 植物种植区域轮廓。

6. 对无法用标注尺寸准确定位的自由曲线园路、广场、水体等，应给出该部分局部放线详图，用放线网表示，并标注控制点坐标。

二、园路工程施工图的绘制方法和要求

（一）路线平面设计图

路线平面设计图主要表示各级园路的平面布置情况。园路线形应流畅、优美、舒展。内容包括园路的线形及与周围的广场和绿地的关系、与地形起伏的协调变化及与建筑设施的位置关系，如图 6-5 所示。地形一般用等高线来表示，地物用图例来表示，图例画法应符合总图制图标准的规定。

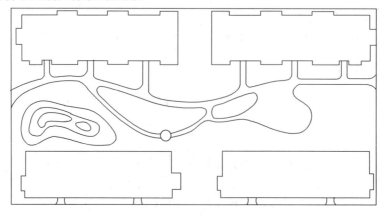

图 6-5 小区园路线形设计示例

园路平面图可采用坐标方格网控制园路的平面形状，其轴线编号应与总平面图相符，如图 6-6 所示。也可用园路定位图控制园路的平面位置，如图 6-7 所示。

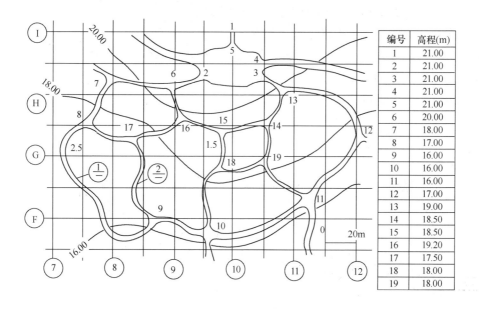

编号	高程(m)
1	21.00
2	21.00
3	21.00
4	21.00
5	21.00
6	20.00
7	18.00
8	17.00
9	16.00
10	16.00
11	16.00
12	17.00
13	19.00
14	18.50
15	18.50
16	19.20
17	17.50
18	18.00
19	18.00

图 6-6　公园路线平面设计图示例

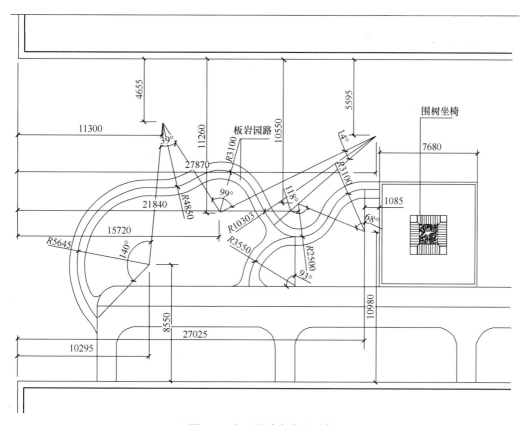

图 6-7　小区园路定位图示例

（二）路线纵断面图

路线纵断面图是假设用铅垂切平面沿园路中心轴线剖切，然后将所得断面图展开而成的立面图，它表示某一区段园路的起伏变化情况。

绘制纵断面图时，由于路线的高差比路线的长度要小得多，如果用相同比例绘制，就很难将路线的高差表示清楚，因此路线的长度和高差一般采用不同比例绘制。例如长度采用1：2000，高度采用1：200，相差10倍。

纵断面图的内容包括：

1. 地面线

地面线是道路中心线所在处，原地面高程的连接线，用细实线表示。

2. 设计线

设计线是道路的路基纵向设计高程的连接线，用粗实线表示。

3. 竖曲线

当设计线纵坡变更处的两相邻坡度之差的绝对值超过一定数值时，在变坡处应设置竖向圆弧，来连接两相邻的纵坡，该圆弧称为竖曲线。竖曲线分为凸形竖曲线和凹形竖曲线。

4. 资料表

资料表的内容主要包括区段和变坡点的位置、原地面高程、设计高程、坡度和坡长等。如图6-8所示。

（三）路基横断面图

路基横断面图是假设用垂直于设计路线的铅垂剖切平面进行剖切所得到的断面图，是计算土石方和路基的依据。

用路基横断面图表达园路的面层结构以及绿化带的布局形式，也可以与局部平面图配合，表示园路的断面形状、尺寸、各层材料、做法、施工要求。路基横断面图一般用1：50、1：100、1：200的比例。如图6-9所示。

（四）铺装详图

铺装详图用于表达园路的面层结构，如断面形状、尺寸、颜色、各层材料、做法、施工要求和铺装图案如路面布置形式及艺术效果。如图6-10所示。对于不用进行铺装详图设计的部分，应标明铺装的分格、材料规格、铺装方式，并应对材料进行编号。

 任务实施

抄绘并阅读图6-11、图6-12、图6-13所示园路工程施工图。

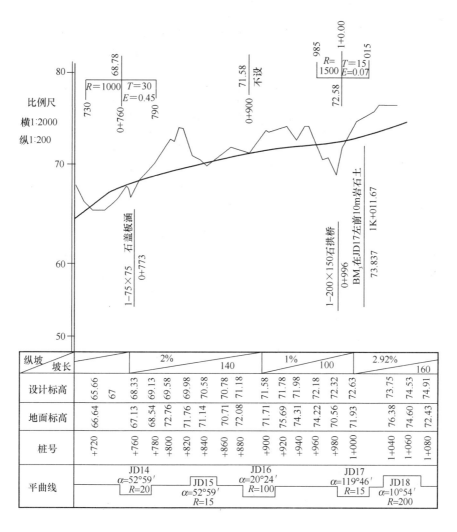

图 6-8　路线纵断面图示例

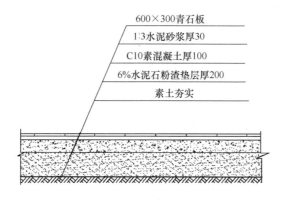

图 6-9　路基横断面图示例

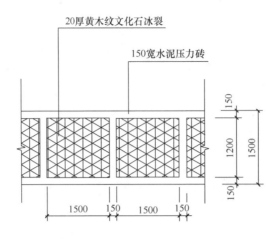

图 6-10　道路平面铺装详图示例

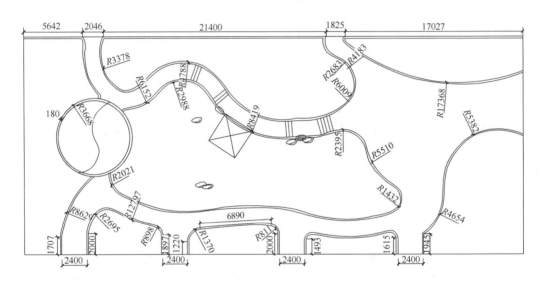

图 6-11　小区园路定位图示例

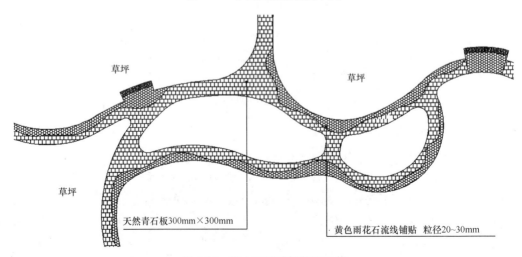

图 6-12　某小区园路铺装图示例

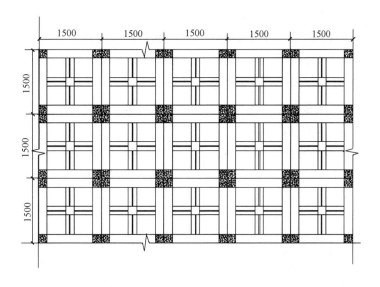

广场铺装大样图 1:50

30厚铺装面层(材料见铺装平面)
30厚1:3水泥砂浆
120厚C15混凝土垫层
150厚碎石层
素土夯实

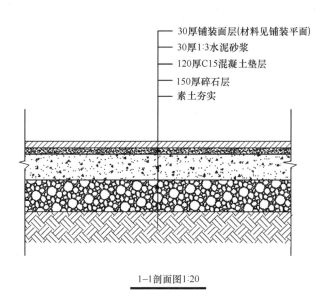

1-1剖面图1:20

图 6-13　平面铺装详图和路基剖面图示例

任务三　假山工程施工图的绘制与识读

 相关知识

　　假山是中国古典园林中不可缺少的构成要素之一，也是中国古典园林最具民族特色的一部分，作为园林的专项工程之一，已成为中国园林的象征，它不仅师法于自然，而且还凝聚着造园家的艺术创造。假山是以自然、人工山石等为材料，以自然山水为蓝本并加以艺术提炼与夸张，用人工再造的山水景物。假山工程施工图是指导假山工程施工的技术性文件。

一、假山工程施工图的绘制内容

假山工程施工图主要包括平面图、立面图、剖（断）面图、基础平面图等，对于要求较高的细部，还应绘制详图说明。

1. 平面图表示假山的平面布置、各部的平面形状、周围地形和假山所在总平面图中的位置，如图 6-14 所示。

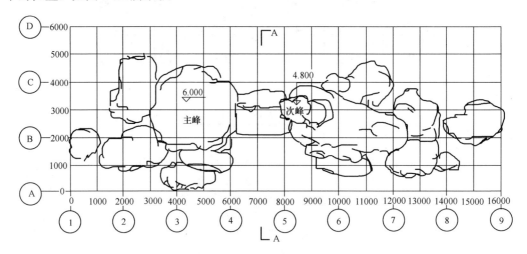

图 6-14　假山平面图示例

2. 立面图表现山体的立面造型及主要部位高度，与平面图配合，可反映出峰、峦、洞、壑的相互位置。为了完整地表现山体各面形态，便于施工，一般应绘出前、后、左、右四个方向立面图，如图 6-15 所示。

3. 剖面图表示假山某处内部构造及结构形式、断面形状、材料、做法和施工要求，如图 6-16 所示。

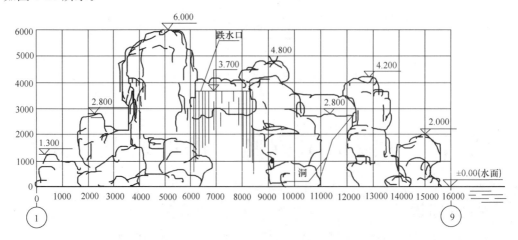

图 6-15　假山立面图示例

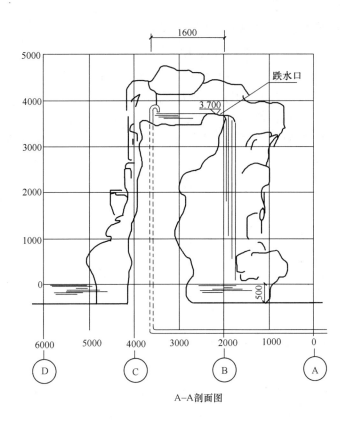

图 6-16　假山剖面图示例

4. 基础平面图表示基础的平面位置及形状。基础剖面图表示基础的构造和做法，当基础结构简单时，可同假山剖面图绘制在一起或用文字说明，如图 6-17 所示。

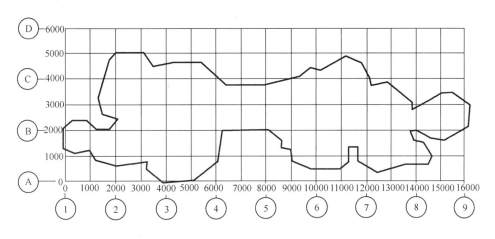

图 6-17　假山基础平面图示例

假山施工图中，由于山石素材形态奇特，施工中难以符合设计尺寸要求。因此，没有必要也不可能将各部尺寸一一标注，一般采用坐标方格网法控制。方格网的绘制，平面图以长度为横坐标，宽度为纵坐标；立面图以长度为横坐标，高度为纵坐标；剖面图以宽度为横坐标，高度为纵坐标。

二、假山工程施工图的绘制方法和要求

1. 绘制标题栏及说明。标题栏及说明中注写工程名称、材料和技术要求。

2. 绘制平面图。平面图中注写和绘制了比例尺、方位、轴线编号、假山在总平面图中的位置、平面形状和大小及其周围地形等。

3. 绘制立面图。立面图绘制了山体各部的立面形状及其高度。

4. 绘制剖面图。根据平面图的剖切位置、轴线编号，阅读和绘制断面形状、结构形式、材料、做法及各部高度。

5. 绘制基础平面图和基础剖面图。阅读和绘制基础平面形状、大小、结构、材料、做法等。

 任务实施

绘制并识读如图 6-18、图 6-19、图 6-20 所示假山施工图纸。

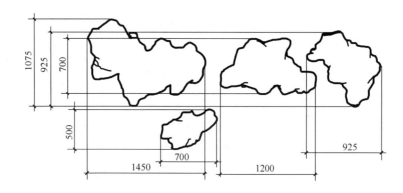

图 6-18　假山平面图

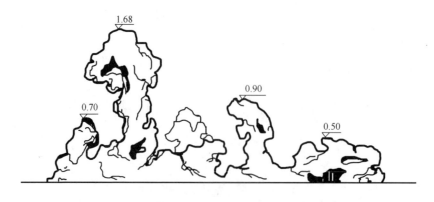

图 6-19　假山立面图

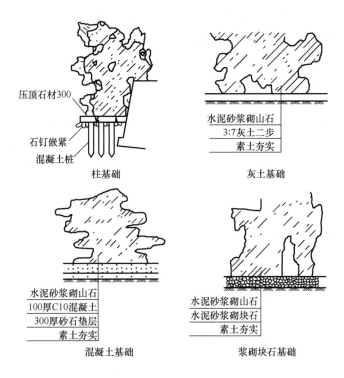

压顶石材300

石钉嵌紧

混凝土桩

柱基础

水泥砂浆砌山石

3:7灰土二步

素土夯实

灰土基础

水泥砂浆砌山石

100厚C10混凝土

300厚砂石垫层

素土夯实

混凝土基础

水泥砂浆砌山石

水泥砂浆砌块石

素土夯实

浆砌块石基础

图 6-20　假山基础断面结构图

任务四　水景工程施工图的绘制与识读

 相关知识

在园林景观营造中，水景的应用是不可或缺的。水是园林的生命，是景观之魂，景观中有水能增加景色的美丽。园林中的水景工程，一类是利用天然水源（河流、湖泊）和现状地形修建的较大型水面工程，如驳岸、码头等；一类是在街头游园内人工修建的小型水面工程，如喷水池、种植池、盆景池等。

一、水景工程施工图的绘制内容

水景工程施工图主要有总体布局图和构筑物结构图。

1. 总体布局图

总体布局图主要表示整个水景工程各构筑物在平面和立面的布置情况。平面布局图一般画在地形图上。为了使图形主次分明，结构上的次要轮廓和细部构造均省略不画，或用图例或示意图表示这些构造的位置和作用。图中一般只注写构筑物的外形轮廓尺寸、主要定位尺寸、主要部位的高程和填挖方坡度。总体布局图的绘制比例一般为1：200～1：500。

总体布局图的内容包括：

1）工程设施所在地区的地形现状、河流及流向、水面、地理方位（磁北针）等。

2）各工程构筑物的相互位置、主要外形尺寸、主要高程。

3）工程构筑物与地面交线、填挖方的边坡线。

2. 构筑物结构图

构筑物结构图是以水景工程中某一构筑物为对象的工程图。它包括结构布置图、分部和细部构造图以及钢筋混凝土结构图。构筑物结构图必须把构筑物的结构形状、尺寸大小、材料、内部配筋及相邻结构的连接方式等都表达清楚。结构图包括平、立、剖面图、详图和配筋图，绘图比例一般为 1∶5～1∶100。

构筑物结构图的内容：

1）工程构筑物的结构布置、形状、尺寸和材料。

2）构筑物各分部和细部构造、尺寸和材料。

3）钢筋混凝土结构的配筋情况。

4）工程地质情况及构筑物与地基的连接方式。

5）相邻构筑物之间的连接方式。

6）附属设备的安装位置。

7）构筑物的工作条件，如常水位和最高水位等。

二、水景工程施工图绘制方法和要求

这里着重介绍水池工程施工图和驳岸工程施工图。

1. 水池工程施工图

园林水池的面积和深度较小，一般仅几十厘米至一米左右，可根据需要建成地面上或地面下或者半地上半地下的形式。人工水池与天然湖池的区别：一是采用各种材料修建池壁和池底，并有较高的防水要求；二是采用管道给排水，要修建闸门井、检查井、排放口和地下泵站等附属设备。

常见的水池结构有两种：一类是砖石池壁水池，池壁用砖墙砌筑，池底采用素混凝土或钢筋混凝土。另一类是钢筋混凝土水池，池底和池壁都采用钢筋混凝土结构。喷水池的防水做法多是在池底表面和池壁内外墙面抹 20mm 厚防水砂浆。北方水池还有防冻要求，可以在池壁外侧回填时采用排水性能较好的轻骨料如矿渣或级配砂石等。

水池工程施工图通常包括：表达水池各组成部分的位置、形状和周围环境的平面图、立面图，表达结构布置的剖面图和池壁、池底结构详图、配筋图。图 6-21 是一个圆形水池，从平面图可看到水池在地面以上的平面形状、大小和构筑物等的布置。图 6-22 为圆形水池剖面图，表达了池底和池壁的结构布置、各层材料、配筋情况、各部分尺寸和施工要求。

2. 驳岸工程施工图

驳岸工程施工图包括驳岸平面图和断面详图。驳岸平面图表示驳岸线（即水体边界线）的位置和形状。对构造不同的驳岸应进行分段（分段线为细实线，应与驳岸垂直），并逐段标注详图索引符号。

由于驳岸线平面形状多为自然曲线，无法标注各部尺寸，为了便于施工，一般采用方格网控制。方格网的轴线编号应与总平面图相符。

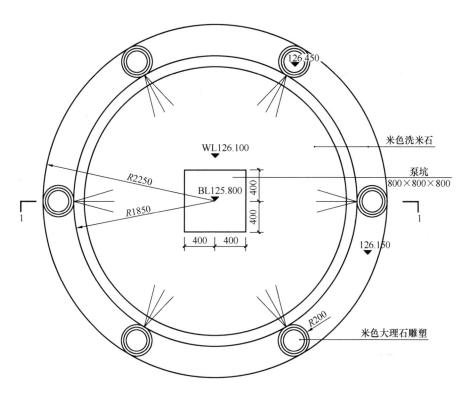

图 6-21 水池平面图示例

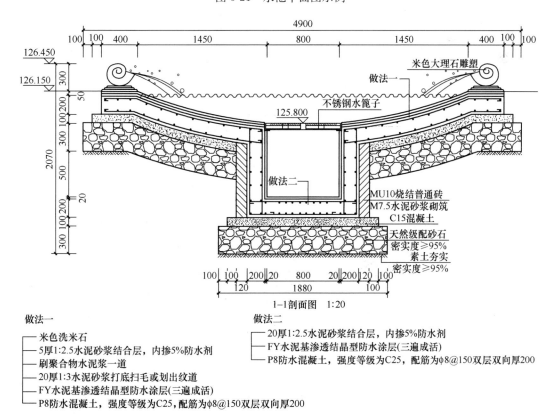

1-1剖面图 1:20

做法一

— 米色洗米石
— 5厚1:2.5水泥砂浆结合层，内掺5%防水剂
— 刷聚合物水泥浆一道
— 20厚1:3水泥砂浆打底扫毛或划出纹道
— FY水泥基渗透结晶型防水涂层(三遍成活)
— P8防水混凝土，强度等级为C25，配筋为φ8@150双层双向厚200

做法二

— 20厚1:2.5水泥砂浆结合层，内掺5%防水剂
— FY水泥基渗透结晶型防水涂层(三遍成活)
— P8防水混凝土，强度等级为C25，配筋为φ8@150双层双向厚200

图 6-22 水池剖面图示例

　　详图表示某一区段驳岸的构造、尺寸、材料、做法要求及主要部位标高（岸顶、常水位、最高水位、最低水位、基础底面）。

　　图 6-23 为某自然水池平面图，该水池驳岸自然曲折（方格网：5m×5m），驳岸工程共划分 3 个区段，分为三种构造类型。驳岸工程构造类型详图如图 6-24、图 6-25、图6-26 所示。详图分别表达了组成该水池驳岸的构造、尺寸、材料、做法要求及主要部位标高等。

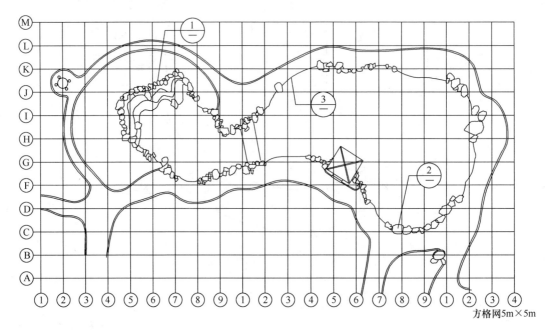

方格网5m×5m

图 6-23　水池驳岸平面图示例

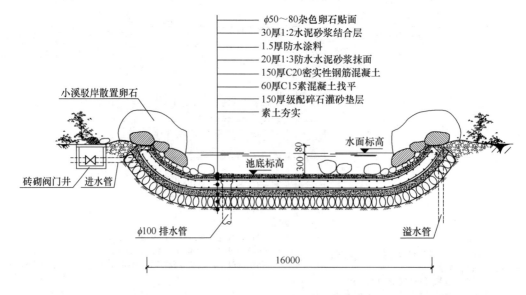

图 6-24　①卵石驳岸断面详图示例

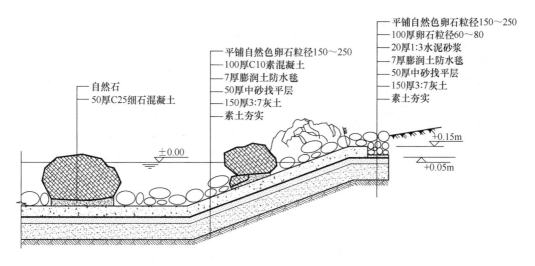

图 6-25 ②卵石驳岸断面详图示例

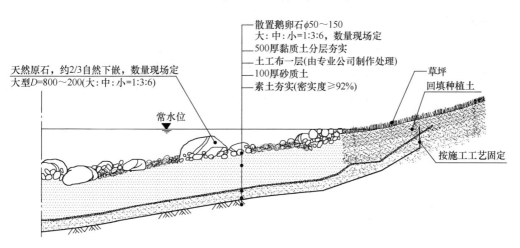

图 6-26 ③自然石驳岸断面详图示例

 任务实施

绘制并识读图 6-27 所示驳岸施工图。

 技能训练

技能训练一 抄绘某公园竖向设计施工图

1. 目的

掌握绘制公园竖向设计施工图的绘制方法；提高学生正确阅读竖向设计图的水平。

2. 任务

抄绘图 6-28 所示某公园竖向设计施工图。

3. 步骤

1）确定绘图比例。

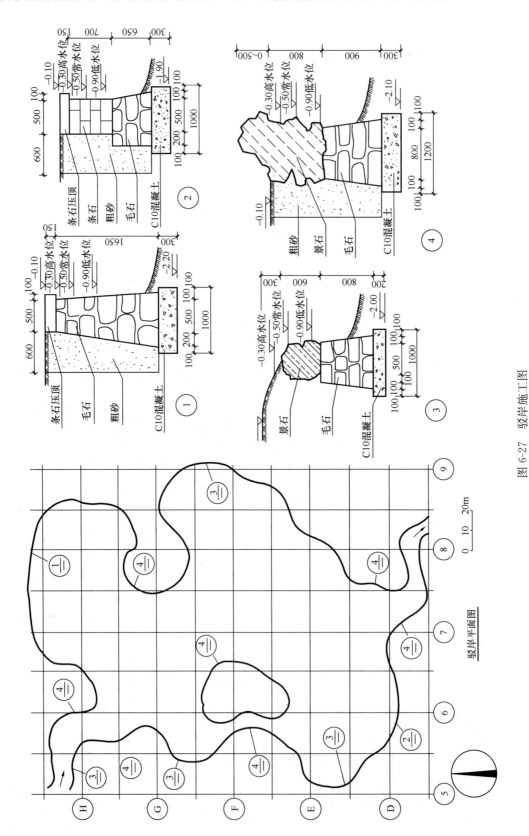

图 6-27 驳岸施工图

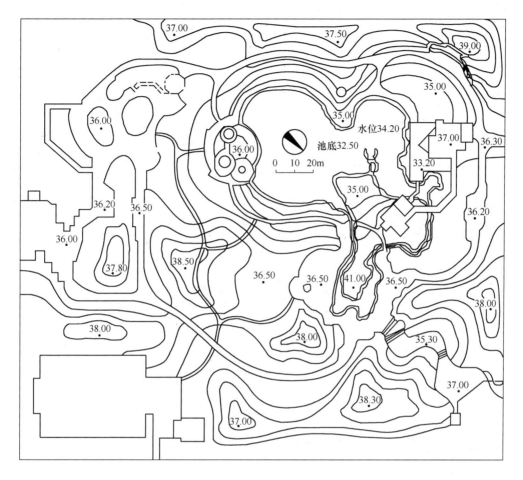

图 6-28　某公园竖向设计施工图

2）绘制道路中线，然后绘制道路边线和人行路边线。

3）注写高程，设计说明，说明施工的技术要求与做法。

4）绘制磁北针，注写标题栏。

技能训练二　绘制假山工程施工图

1. 目的

掌握绘制假山工程施工图的方法；提高学生正确阅读假山工程施工图的水平，培养学生绘制假山工程施工图的能力。

2. 任务

抄绘图 6-29 所示的假山工程施工图。

3. 步骤

1）选择适当比例。

2）绘制方格网；绘制假山轮廓（粗线）；再绘制假山细部（细线）；再绘制剖面线和符号。

3）注写设计说明，说明施工的技术要求与做法。

4）绘制磁北针或风向玫瑰图，注写标题栏。

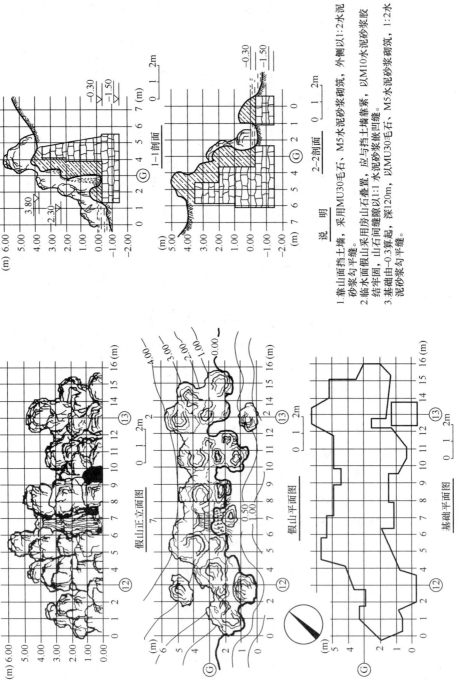

说　明

1. 靠山面挡土墙，采用MU30毛石，M5水泥砂浆砌筑，外侧以1:2水泥砂浆勾平缝。
2. 临水面假山采用房山石叠置，应与挡土墙靠紧，以M10水泥砂浆胶结牢固，山石间缝隙以1:1水泥砂浆嵌凹缝。
3. 基础由−0.3算起，深120m，以MU30毛石，M5水泥砂浆砌筑，1:2水泥砂浆勾平缝。

图 6-29　假山工程施工图

项目七　结构和设备施工图的识读

【内容提要】

结构施工图主要表达结构设计的内容，它是表示建筑物各承重物件（如基础、墙、柱、梁、板、屋架等）的布置、形状、大小、材料以及其相互关系的图样，设备施工图主要表示管道（或电气线路）与设备的布置和走向、构件作法和设备的安装要求等的图样。通过本项目的学习，学生能够掌握结构和设备施工图的识读方法和技巧。

【知识目标】

熟悉结构施工图的常用代号和图例符号。

掌握基础、墙、柱、梁、板的图示方法。

熟悉给水、排水相关图例。

掌握给排水工程施工图的内容及绘制要求。

熟悉电气施工图中常用导线型号、灯具图例及用电气线路。

【技能目标】

能正确识读建筑基础施工图。

能正确识读给排水工程施工图。

能正确识读电气工程施工图。

任务一　结构施工图的识读

 相关知识

一、钢筋混凝土结构常识

1. 混凝土、钢筋混凝土、预应力钢筋混凝土

混凝土是由水泥、砂、石子和水按一定比例混合搅拌，经过振捣密实和养护凝固后而成的坚硬如石的人工石材。混凝土的抗压强度较高，但抗拉强度较低，因此混凝土很容易开裂。为了提高混凝土构件的抗拉能力，常在混凝土构件的受拉区内配置一定数量的钢筋。这种由混凝土和钢筋两种材料共同构成整体的构件，叫钢筋混凝土构件。此外，为了提高构件的抗拉和抗裂性能，有的构件通过张拉钢筋对混凝土施加一定的压力，这种构件叫预应力钢筋混凝土构件。

2. 混凝土强度等级

混凝土强度等级有 C7.5、C10、C15、C20、C25、C30、C35、C40、C45、C50、C55、C60 等十二级。

3. 钢筋的类型和符号

钢筋按其强度和品种分成不同的类型，并分别用不同的直径符号表示。

HPB300——Φ 热轧光圆钢筋强度级别 300MPa；

HRB335——Φ 热轧带肋钢筋强度级别 335MPa；

HRBF335——Φ^F 细晶粒热轧带肋钢筋强度级别 335MPa；

HRB400——Φ 热轧带肋钢筋强度级别 400MPa；

HRBF400——Φ^F 细晶粒热轧带肋钢筋强度级别 400MPa；

HRB400——Φ^R 余热处理带肋钢筋强度级别 400MPa；

HRB400E——有较高抗震性能的普通热轧带肋钢筋强度级别 400MPa；

HRB500——Φ 普通热轧带肋钢筋强度级别 500MPa；

HRBF500——Φ 细粒热轧带肋钢筋强度级别 500MPa。

H、P、R、B、F、E 分别为热轧（Hot rolled）、光圆（Plain）、带肋（Ribbed）、钢筋（Bars）、细粒（Fine）、地震（Earthquake）5 个词的英文首位字母。后面的数代表屈服强度为＊＊＊MPa。

4. 钢筋的名称和作用

如图 7-1 所示，配置在钢筋混凝土构件中的钢筋，按其作用可分为：

1）受力筋：是构件中主要的受力钢筋，承受拉力的钢筋，叫受拉筋。在梁、柱等构件中有时还需配置承受压力的钢筋，叫受压筋。如图 7-1(a) 所示。

2）箍筋：一般用于梁、柱中，如图 7-1(a) 所示，是构件中承受剪力和扭力的钢筋，同时用来固定纵向钢筋的位置。

3）架立筋：用来固定梁内钢筋的位置，与受力筋构成钢筋骨架。如图7-1(a) 所示。

4）分布筋：用于板内，如图7-1（b）所示，其方向与板内受力筋垂直，与受力筋一起构成钢筋的骨架。

因构件的构造要求和施工安装需要配置的钢筋称为构造筋。架立筋和分布筋属于构造筋。

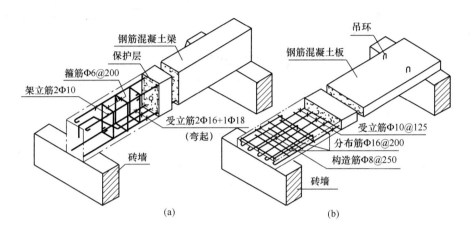

图 7-1 钢筋配置

5. 钢筋的弯钩及保护层

为了加强钢筋与混凝土的锚固力，防止钢筋在受力时滑动，表面光圆钢筋两端要做成弯钩。弯钩的形式，有半圆形弯钩、直角弯钩等。而表面带凸纹的钢筋，则两端不做弯钩。

为了保护钢筋和保证钢筋与混凝土的粘结力，钢筋的外皮至构件表面应保持的距离，叫做保护层。按规定钢筋混凝土构件保护层的最小厚度是：梁、柱的受力筋保护层厚度为25mm，箍筋和构造筋保护层为15mm；墙和板厚度大于100mm时15mm，小于和等于100mm时为10mm。基础的受力筋保护层厚度有垫层时为35mm，无垫层时为70mm。

6. 常用构件代号

在结构施工图中，为了简明扼要地表示钢筋混凝土构件，需用代号标注。在《建筑结构制图标准》中将各种构件的代号作了具体规定，见表7-1。

表 7-1 构 件 代 号

名称	代号	名称	代号	名称	代号	名称	代号
板	B	梁	L	屋架	WJ	梯	T
屋面板	WB	屋面梁	WL	支架	ZJ	雨篷	YB
空心板	KB	圈梁	QL	框架	KJ	阳台	YT
槽形板	CB	过梁	GL	钢架	GJ	桩	ZH
楼梯板	TB	连系梁	LL	檩条	LT	预埋件	M
盖板	GB	基础梁	JL	柱	Z	钢筋网	W
檐口板	YB	楼梯梁	TL	基础	JC	天沟板	TGB

注：预应力钢筋混凝土构件代号，应在构件代号前加注"Y—"，如Y—KB为预应力空心板。

7. 钢筋混凝土构件图例图示方法

1）钢筋的表示 在平面图中，钢筋的表示应符合表7-2的规定。钢筋的画法应符合表 7-3 规定。

2）配筋图　为表达钢筋混凝土构件内部钢筋的配置情况，可将混凝土构件假定为透明体。这种主要表示构件内部钢筋布置的图样，叫配筋图。如图 7-2 所示，是钢筋混凝土简支梁的配筋图。配筋图通常由立面图（或平面图）和断面图组成。立面图中钢筋用粗实线表示，断面图中剖到的钢筋画成黑圆点，未剖到的钢筋仍用粗实线表示，而构件轮廓线用中粗（或细实）线表示。

表 7-2　钢　筋　图　例

序号	名　称	图　例	说　明
1	钢筋横断面	●	下图表示长、短钢筋投影重叠时可在短钢筋的端部用 45°短画线表示
2	无弯钩的钢筋端部	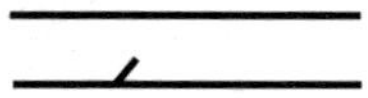	
3	带半圆形弯钩的钢筋端部		
4	带直钩的钢筋端部		
5	带丝扣的钢筋端部		
6	无弯钩的钢筋搭接		
7	带半圆弯钩的钢筋端部		
8	带直钩的钢筋端部		
9	套管接头（花兰螺丝）	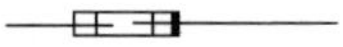	

表 7-3　钢　筋　画　法

序号	说　明	图　例
1	在结构平面图中配置双层钢筋时，底层钢筋弯钩应向上或向左，顶层钢筋弯钩应向下或向右	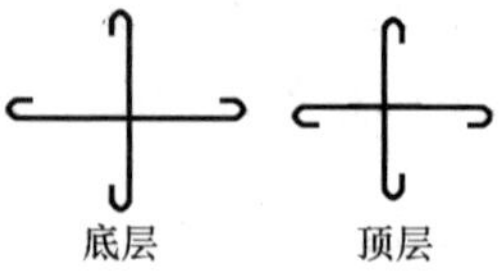 底层　顶层
2	配置双层钢筋的墙体，在配筋立面图中，远离钢筋的弯钩应向上或向左，而近面钢筋的弯钩应向下或向右（JM 近面；YM 远面）	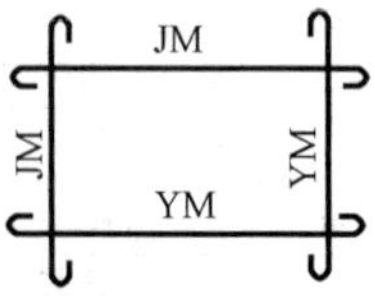 JM YM
3	若在断面图中不能表示清楚钢筋布置，应在断面图外面增加钢筋大样图	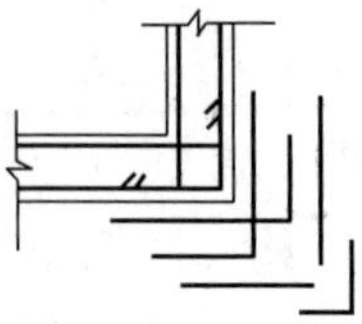

序号	说　明	图　例
4	图中所表示的钢箍筋、环筋等若布置复杂时，可加画钢筋大样和说明	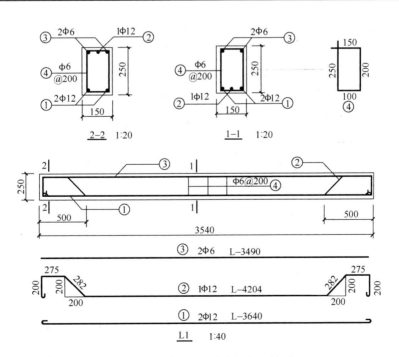

钢筋的形状在配筋图中一般已表达清楚。如果在配筋比较复杂、钢筋重叠无法看清时，应在配筋图外另增加钢筋详图（又称钢筋简图）。钢筋详图应按照钢筋在立面中的位置由上而下，用同一比例排列在梁的下方，并与相应的钢筋对齐。为了便于编造施工预算，统计用料，对配筋复杂的梁还要列出钢筋表。钢筋表的内容见表 7-4。

表 7-4　钢　筋　表

构件名称	构件数	钢筋编号	钢筋规格	简　图	长度（mm）	每件支数	总支数	重量累计（kg）
		1	Φ12		3640	2	2	7.41
		2	Φ12		4204	1	1	4.45
		3	Φ6		3490	2	2	1.55
		4	Φ6		700	18	18	2.80

图 7-2　钢筋混凝土简支梁的配筋图

3）钢筋的标注法　在配筋图中要标出钢筋的等级、数量、长度、和间距等，如图 7-3 所示。

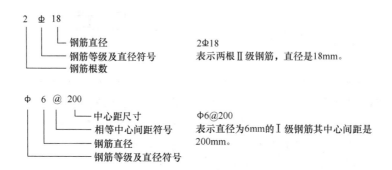

2Φ18
表示两根Ⅱ级钢筋，直径是18mm。

Φ6@200
表示直径为6mm的Ⅰ级钢筋其中心间距是200mm。

图 7-3　钢筋标注

二、基础图

基础是建筑物的地下承重部分，它直接承受建筑物上部传来的各种荷载并把它传给地基。基础图是表示建筑物室内地面以下（相对标高±0.000）基础部分的平面布置、类型和详细构造的图样。它是施工时放线、开挖基坑和进行基础施工的依据。

1. 基础平面图

基础平面图是表示基础施工完成后，基槽未回填土时基础平面布置的图样。它是采用剖切在相对标高±0.000 下方的一个水平剖面图来表示的。如图 7-4 所示。

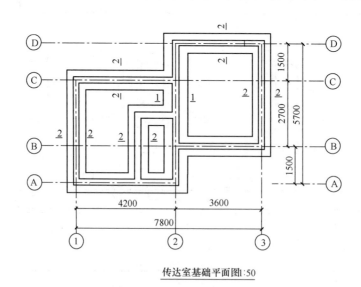

传达室基础平面图1:50

图 7-4　基础平面图

在基础平面图中，只要画出基础墙、柱及它们基础底面的轮廓线。大放脚的轮廓线省略不画。

基础墙和柱是剖切到的轮廓线，应画成粗实线。基础底的轮廓线（基底宽度）是投影得到的可见轮廓线，应画成细实线。如有基础梁，则用粗实线表示出它的中心位置。

基础平面图应标出与建筑平面图相一致的定位轴线编号和轴线尺寸。在基础平面图中标注尺寸时，图外要注出定位轴线间尺寸及总尺寸；墙内注出墙厚、基底宽度等尺寸。

不同类型的基础、柱应用代号 J1、J2、Z1、Z2 等形式表示。

基础平面图应包括图名、比例；定位轴线及其编号、轴线尺寸；基础的平面布置；基础梁的布置和代号；基础的编号、基础断面图的剖切位置线及其编号；施工说明等。

2. 基础详图

基础详图是用较大的比例画出的基础局部构造图，以此表达出基础各部分的形状、大小、构造及基础的埋置深度。

墙的条形基础详图就是基础的垂直断面图。图 7-5 是传达室墙的基础详图，从图中可以看出基础底面宽度为 1000mm，高 650mm，它反映了墙基础的具体构造。

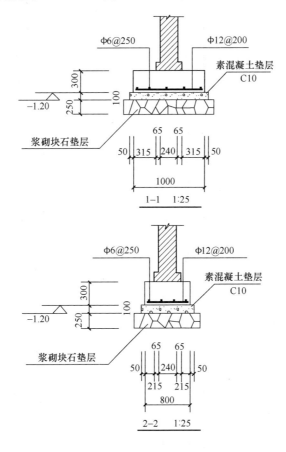

图 7-5　传达室墙的基础详图

 **任务实施**

抄绘并识读图 7-6 所示的种植池结构施工图。

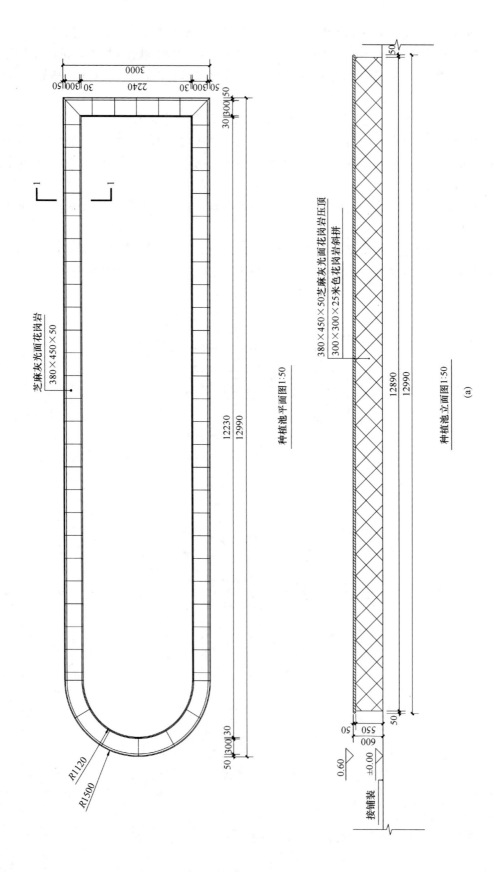

种植池平面图1:50

种植池立面图1:50

(a)

芝麻灰光面花岗岩
380×450×50

380×450×50芝麻灰光面花岗岩压顶
300×300×25米色花岗岩斜拼

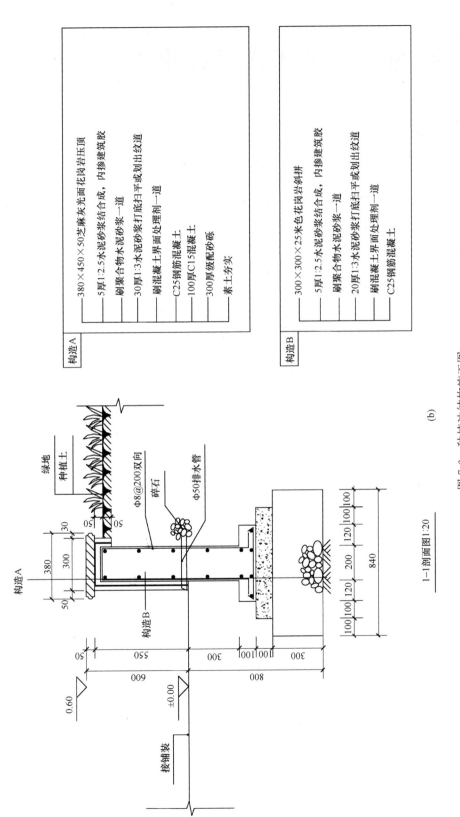

构造 A
- 380×450×50芝麻灰面光花岗岩压顶
- 5厚1:2.5水泥砂浆结合层，内掺建筑胶
- 刷聚合物水泥砂浆一道
- 30厚1:3水泥砂浆打底扫平或划出纹道
- 刷混凝土界面处理剂一道
- C25钢筋混凝土
- 100厚C15混凝土
- 300厚级配砂砾
- 素土夯实

构造 B
- 300×300×25米色花岗岩斜拼
- 5厚1:2.5水泥砂浆结合层，内掺建筑胶
- 刷聚合物水泥砂浆一道
- 20厚1:3水泥砂浆打底扫平或划出纹道
- 刷混凝土界面处理剂一道
- C25钢筋混凝土

(b)

图 7-6 种植池结构施工图

任务二　给排水工程施工图的识读

 相关知识

一、给排水施工图的组成和特点

给排水工程包括给水工程和排水工程。

给水工程包括水源取水、水质净化、净水输送、配水使用等工程；排水工程包括污水排除、污水处理、处理后的污水排放等过程。

给排水施工图一般由基本图和详图组成。基本图包括管道平面布置图、剖面图、系统轴测图、原理图及说明等。详图表示各局部的详细尺寸施工要求。

给排水的设备装置和管道、线路多采用国家标准规定的统一图例符号表示。因此在阅读时，要首先熟悉常用的给排水施工图的图例符号所代表的内容。

给排水管道布置纵横交叉，在平面图上很难表明它们的空间走向，所以常用轴测图投影的方法画出管道系统的立面布置图，用以表明各管道的空间布置状况。这种图称为管道系统轴测图，简称管道系统图。识读时应把系统图和平面图对照识读。

给排水管道系统图的图例线条较多，识图时要根据流线图确定流动方向。在给排水施工图中，都不标注管道线路的长度。管线的长度在备料时只需用比例尺在图中近似量出，在安装时则以实测尺寸为依据。

给水管道的走向是从大管径到小管径，通向建筑物的。排水管道的走向则是从建筑物出来到检查井，管道在各检查井之间沿水流方向从高标高到低标高敷设，管径是从小到大的。

二、给排水管道平面图

图 7-7 为某水池喷泉给排水管道平面图，该平面图显示了给水管、支管线、溢水管、排水管的位置、管径，阀门井、泵坑、瀑布出水口的位置。其中给水管材采用镀锌衬 PVC 钢管，泵坑至阀门井间使用镀锌衬 PVC 钢管，阀门井至排水管网采用 PVC-U 钢管。阀门水泵为 QY 型潜水泵，接口均采用法兰式软接头。

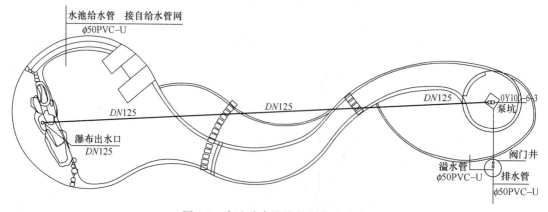

图 7-7　水池喷泉给排水管道平面图

三、给排水管道系统图

系统图是用轴测投影的方法来表示给排水管道系统的上、下层之间，前后、左右之间的空间关系的。在系统图中除注有各管径尺寸及主管编号外，还注有管道的标高和坡度。图7-8为某水池喷泉给排水管道系统图。该图显示了溢水管管底标高为下侧水池水面标高。

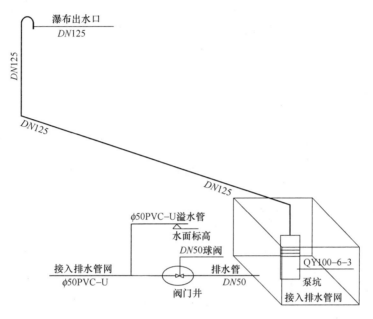

图 7-8　水池喷泉给排水管道系统图

四、给排水管道安装详图

给排水管道安装详图，是表明给排水工程中某些设备或管道节点的详细构造与安装要求的大样图。图7-9为该给水引入管穿过基础的施工详图。

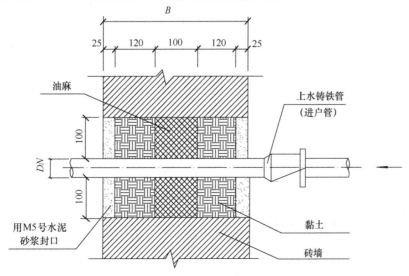

图 7-9　引入管穿过基础安装详图

图样以剖面的方法表明引入管穿越墙基础时，应预留洞口，管道安装好后，洞口空隙内应用油麻、黏土填实，外抹 M5 的水泥砂浆以防止室外雨水渗入。

任务实施

抄绘并识读图 7-10 所示的旱喷泉给排水工程施工图。

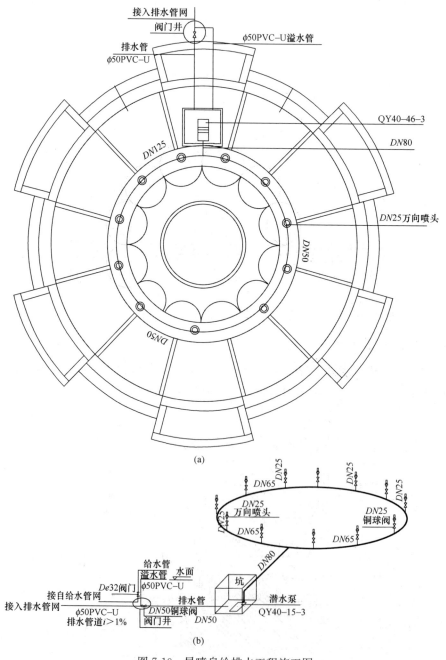

图 7-10　旱喷泉给排水工程施工图

(a) 旱喷泉给排水工程平面图；(b) 旱喷泉给排水工程系统图

任务三 电气工程施工图的识读

 相关知识

电气施工图是建筑施工图的一个组成部分，它以统一规定的图形符号辅以简单扼要的文字说明，把电气设计内容明确地表示出来，用以指导建筑电气的施工。

电气施工图是电气施工的主要依据，识别国家颁布的和通用的各种电气元件的图形符号，掌握建筑物内的供电方式和各种配线方式，了解电气施工图的组成是进行电气安装施工的前提。

一、电气平面图

电气平面图是电气安装的重要依据，它是将同一层内不同高度的电气设备及线路都投影到同一平面上来表示的。

平面图一般包括变配电平面图、动力平面图、照明平面图、防雷接地平面图及弱电（电话、广播）平面图等。照明平面图实际就是在建筑施工平面图上绘出的电气照明分布图，图上标有电源实际进线的位置、规格、穿线管径，配电箱的位置，配电线路的走向，干支线的编号、敷设方法，开关、插座、照明器具的种类、型号、规格、安装方式和位置等。一般照明线路走向是电源从建筑物某处进户后，经总配电箱和分配电箱，由干线、支线连接起来，通向各用电设备。其中干线是由外线引入总配电箱及由总配电箱到分配电箱的连接线，支线是自分配电箱引至各用电设备的导线。图 7-11 是建筑底层照明平面图。图中电源由二楼引入，用两根 BLX 型（耐压 500V）截面积为 6mm² 的电线，穿 VG20 塑料管沿墙暗敷，由配电箱引三条供电回路 N1、N2、N3 和一条备用回路。N1 回路照明装置有 8 套 YG 单管 1×40W 日光灯，悬挂高度距地 3m，悬吊方式为链（L）吊，2 套 YG 双管 40W 日光灯，悬挂高度距地 3m，悬挂方式为链（L）吊。日光灯均装有对应的开关。带接地插孔的单相插座有 5 个。N2 回路与 N1 回路相同。N3 回路上装有 3 套 100W、2 套 60W 的大棚灯和 2 套 100W 壁灯，灯具装有相应的开关，带接地插孔的单相插座有 2 个。

二、电气系统图

电气系统图分为电力系统图、照明系统图和弱电（电话、广播等）系统图。电气系统图上标有整个建筑物内的配电系统和容量分配情况、配电装置、导线型号、截面、敷设方式及管径等。图 7-12 是电气系统图。图中表明，进户线用 4 根 BLX 型、耐压为 500V、截面积为 16mm² 的电线从户外电杆引入。三根相线接三刀单投胶盖切开关（规格为 HK1-30/3），然后接入三个插入式熔断器（规格为 RC1A-30/25）。再将 A、B、C 三相各带一根零线引到分配电盘。A 相到达底层分配电盘，通过双刀单投胶盖切开关（规格为 HK1-15/2），接入插入式熔断器（规格为 RC1A-15/15），再分 N1、N2、N3 和一个备用支路，分别通过规格为 HKI-152/2 的胶盖切开关和规格为 RC1A-10/4 的熔断器，

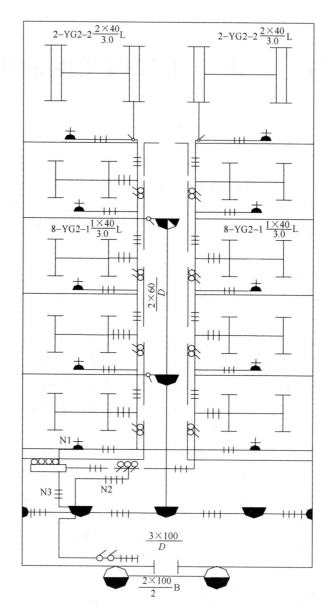

图7-11　建筑底层照明平面图

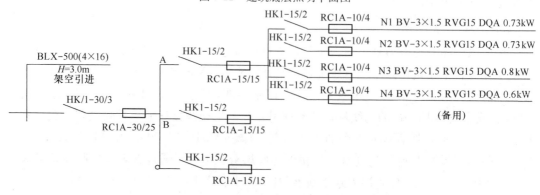

图7-12　建筑底层电气系统图

各线路用直径为 5mm 的软塑料管沿地板沿墙暗敷。管内穿三根截面为 $1.5mm^2$ 的铜芯线。

  任务实施

识读如图 7-13 所示的某小区环境照明平面图及配电系统图。

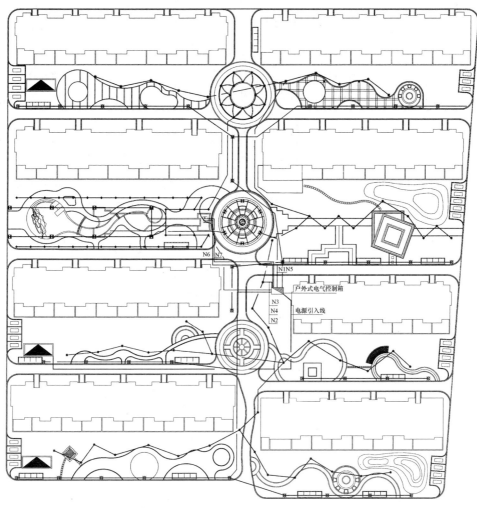

序号	符号	名 称	安装容量	单位	数量	备 注	线路编号
1	✴	景观灯A	200W	个	8	底距地 4.0m	N1
2	✴	景观灯B	200W	个	6	底距地 4.0m	N1
3	⊗	庭院灯	24W	个	45	底距地 3.5m	N2 N5
4	✾	草坪灯	15W	个	58	底距地 0.60m	N3
5	✴	地埋灯	15W	个	52	底埋地 0.14m	N4
6	▭	水泵		个	2		N6 N7

(a)

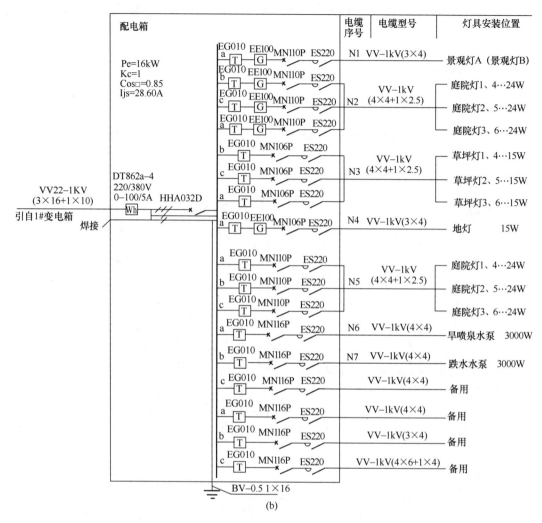

图 7-13　某小区环境照明平面图及配电系统图

（a）某小区环境照明平面图；（b）某小区环境配电系统图

![闹钟图标] **技能训练**

技能训练一　抄绘并识读图 7-14 所示的方亭结构施工图。

技能训练二　识读图 7-15 所示的某居住区绿地排水管道平面图。

技能训练三　识读图 7-16 所示的某居住区绿地给水管道平面图。

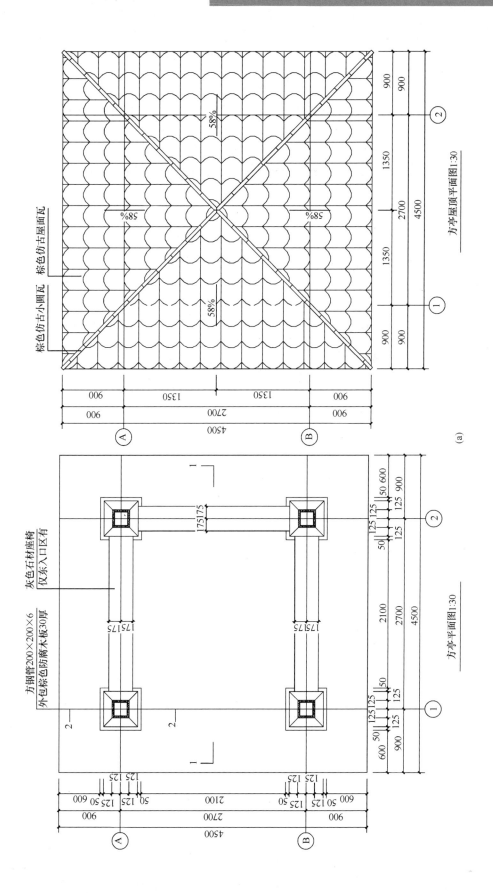

方亭屋顶平面图1:30

58%

58% 58%

58%

棕色仿古屋面瓦
棕色仿古屋面瓦
棕色仿古小圆瓦

900
900
1350
2700
4500
1350
900
900

900
1350
1350
900
900
2700
4500
900

A
B
2
1

(a)

方亭平面图1:30

灰色石材座椅
仅东入口区有

方钢管200×200×6
外包棕色防腐木板30厚

175 175
175 175
175 175

50 600
125 900
125 125
125
50

2100
2700
4500

125 125
125
50

600 50
125 900

A
B
2
1

600 50 125 125 50 125 125 50 125 125 50 600
900　　　　　　2700　　　　　　900
4500

149

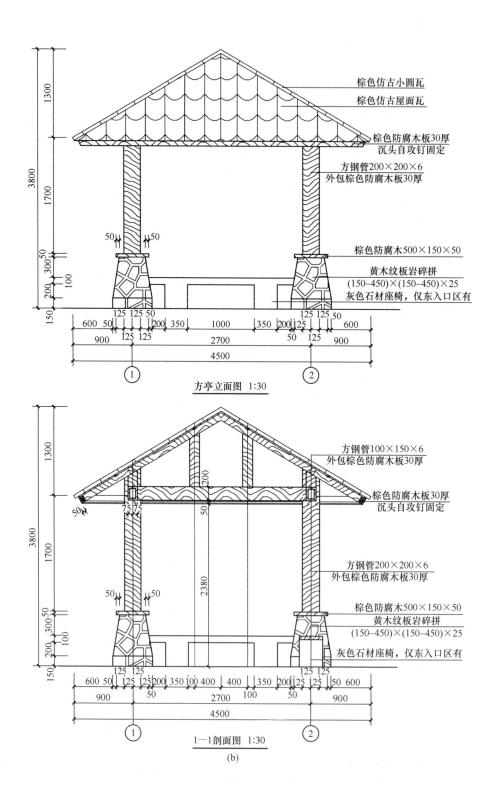

棕色仿古小圆瓦
棕色仿古屋面瓦
棕色防腐木板30厚
沉头自攻钉固定
方钢管200×200×6
外包棕色防腐木板30厚
棕色防腐木500×150×50
黄木纹板岩碎拼
(150-450)×(150-450)×25
灰色石材座椅,仅东入口区有

方亭立面图 1:30

方钢管100×150×6
外包棕色防腐木板30厚
棕色防腐木板30厚
沉头自攻钉固定
方钢管200×200×6
外包棕色防腐木板30厚
棕色防腐木500×150×50
黄木纹板岩碎拼
(150-450)×(150-450)×25
灰色石材座椅,仅东入口区有

1—1剖面图 1:30

(b)

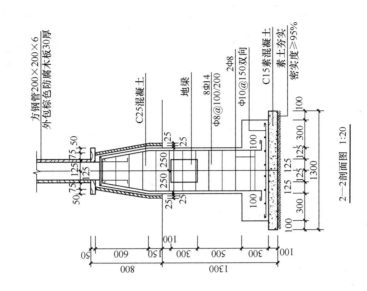

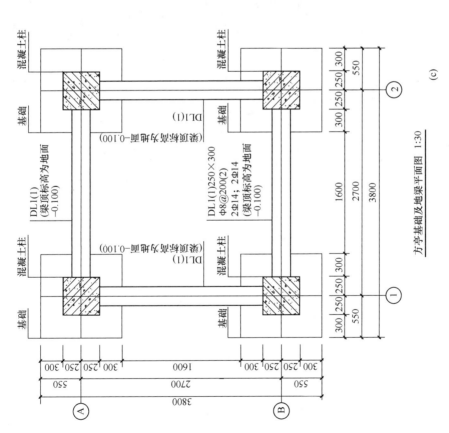

图 7-14　方亭结构施工图

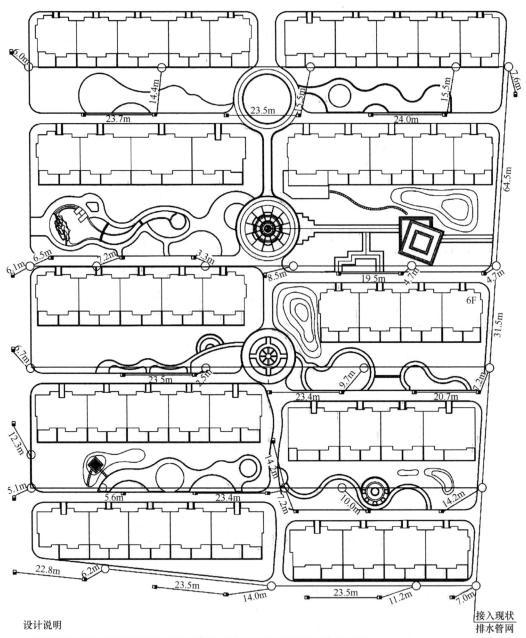

设计说明

1.雨排水管道采用φ300钢筋混凝土管平口圆管,坡度i=0.004,管顶覆土深度不小于0.8m。

2.雨水检查井型号:φ700mm圆形砖砌雨水检查井,施工前请核对其他地下管线图纸,以避免与现状管线冲突。

图例

—————— 雨排水管道

▪□ 雨水口

○ 雨水检查井

图 7-15　某居住区绿地排水管道平面图

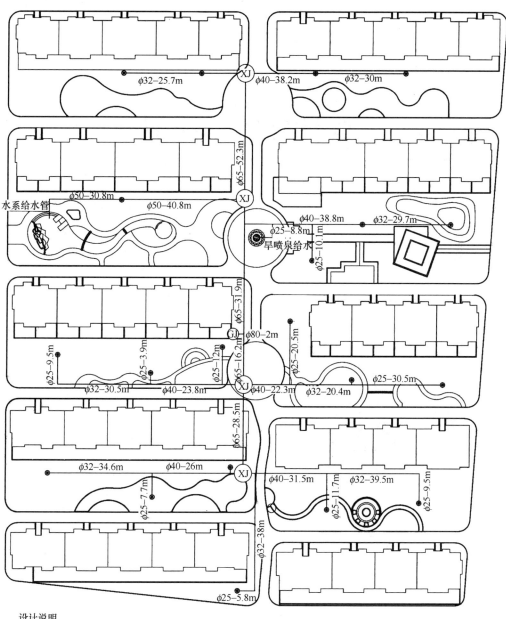

设计说明

1. 本工程中给水点形式为人工取水，给水点接头形式为φ5快速取水阀，并安装于成品地埋式阀门箱内。
2. 本工程中给水管道为PVG-U给水管(2.0MPa)，管道连接形式为粘接；给水管试验压力:0.6MPa。
3. 给水管道最小埋设深度1.20m,管道坡度为0.3%,并坡向泄水井；冬季须将管道内余水泄净。

图例

XJ	泄水井(4个)
GJ	给水阀门井(1个)
✳	取水点

图 7-16　某居住区绿地给水管道平面图

附录 1　　常用建筑材料图例

序号	图例	说明	画法提示
1		自然土壤	图中的黑三角是徒手画横划重叠而成
2		夯实土壤	
3	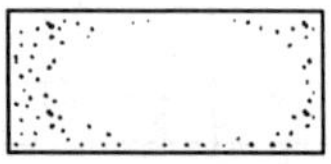	砂、灰土	靠近轮廓线的点较近
4	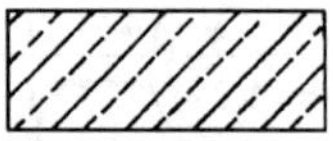	天然石材	斜线的斜度为 45°，图线间距相等，互相平行
5		毛石	
6	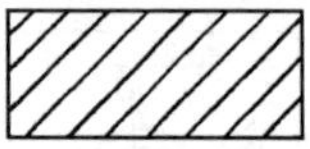	耐火砖	断面较窄、不易画出图例线时，可涂红
7	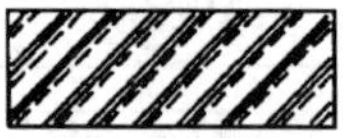	包括耐酸砖等砌体	
8	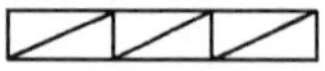	空心砖、空心砌块	
9	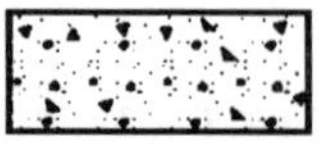	混凝土	在剖面图上画出钢筋时，不画图例线；当断面较窄，不易画出图例线时，可涂黑
10		钢筋混凝土	
11	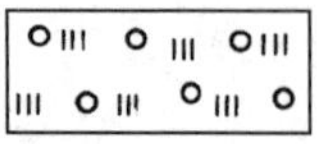	焦渣、矿渣	
12	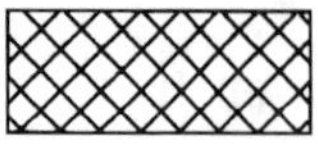	多孔材料	

附录 2　风景园林图例

附录 2　风景园林图例

植物			
序号	名称	图例	
		单株	群植
1	落叶阔叶乔木		
2	常绿阔叶乔木	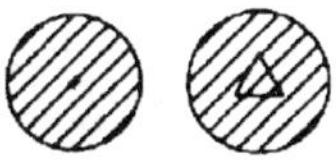	
4	常绿针叶乔木	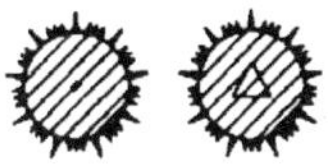	
5	落叶阔叶灌木		
6	常绿阔叶灌木		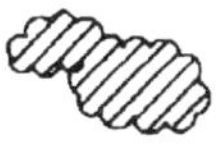
18	竹类		
19	地被		按实际范围绘制
20	绿篱		

155

续表

	山石		
1	山石假山		
2	土石假山		包括土包石、石包土
3	独立景石		天然块石独置而成的石景
	水体		
1	自然形水体		岸线是自然形水体
2	规则形水体		岸线是规则形水体
3	跌水瀑布		
4	旱涧		焊剂一般无水或断续有水的山涧
5	溪涧		指山间两岸多石滩的小溪
	建筑		
1	规划的建筑物		用粗实线表示
2	原有的建筑		用细实线表示
3	规划扩建的预留地或建筑物		用中虚线表示
4	拆除的建筑物		用细实线表示

续表

		建筑	
5	地下建筑		用粗虚线表示
6	坡屋顶建筑	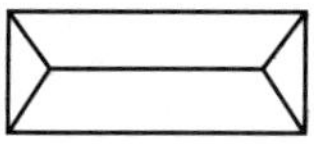	包括瓦顶、石片顶
7	草顶建筑或简易建筑	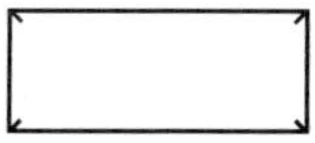	用草类材料作为屋顶面层或有屋顶无墙面的建筑
8	温室建筑		用玻璃等透光材料作为屋顶或墙面的暖房、温室

		小品设施	
1	喷泉		
2	雕塑		
3	花台	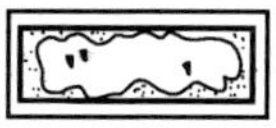	
4	座凳	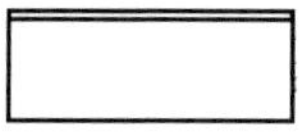	
5	花架	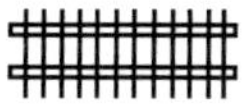	
6	围墙	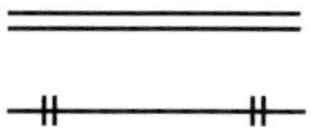	上图为石砌或漏空围墙 下图为栅栏或篱笆围墙
7	栏杆	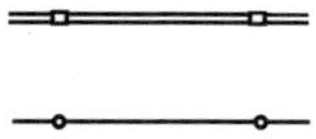	上图为非金属栏杆 下图为金属栏杆
8	园灯		
9	饮水台		
10	指示牌		设置在绿地中的标牌

续表

	工程实施		
1	护坡	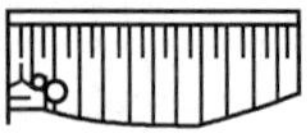	
2	挡土墙		突出一侧表示被挡土的一方
3	排水明沟	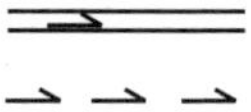	上图用于比例较大的图面 下图用于比例较小的图面
4	有盖的排水沟	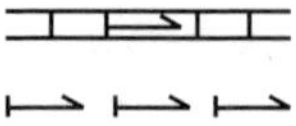	上图用于比例较大的图面 下图用于比例较小的图面
5	雨水井		
6	消火栓井		
7	喷灌点		
8	道路		
9	铺装路面	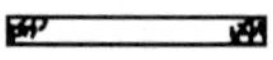	
10	台阶		箭头指向表示向上
11	铺砌场地	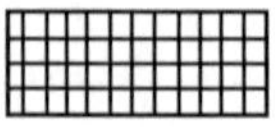	可依据设计形态表示
12	车行桥		可依据设计形态表示
13	人行桥		
14	亭桥	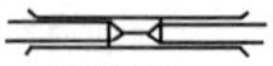	

续表

	工程实施		
15	铁索桥		
16	汀步		
17	涵洞	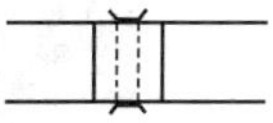	
18	水闸		
19	码头	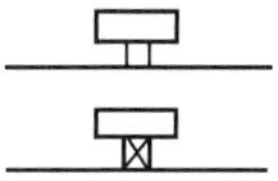	上图固定码头 下图为浮动码头
20	驳岸		上图为假山石自然式驳岸 下图为砌筑规则式驳岸
	植物枝干形态		
1	主轴干侧分枝形		
2	主轴干无分枝形		
3	无主轴干多枝形		

续表

	植物枝干形态		
4	无主轴干垂枝形		
5	无主轴干丛生形		
6	无主轴干匍匐形		
	植物枝干树冠		
1	圆锥形		
2	椭圆形		
3	圆球形		
4	垂直形		
5	伞形		
6	匍匐形		

附录3 《园林制图与识图》知识题库

一、判断题

1. 绘图板是用来固定图纸的。（√）

2. 实线主要用来表示不可见轮廓线。（×）

3. 建筑的外轮廓线一般用细实线来表示。（×）

4. 在同一张图纸内，相同比例的各种图样，应该选用相同的线宽组。（√）

5. 定位轴线一般用细实线来表达。（×）

6. 定位轴线一般用于表示建筑的主体结构。（×）

7. 如果虚线是实线的延长线，相接处应留空隙。（√）

8. 定位轴线编号应该标写在定位轴线圈内。（√）

9. 定位轴线编号纵向和横向都应该采用阿拉伯数字。（×）

10. 点划线、双点划线两端可以是点，也可以是线段。（×）

11. 点划线与点划线相交，应该是线段交接。（√）

12. 虚线与虚线交接应该是线段交接。（√）

13. 虚线为实线的延长线时，应该是虚线的线段与实线相接。（×）

14. 实线与实线相交不能出头，但是可以留有空隙。（×）

15. 定位轴线编号横向和纵向都应该采用大写的英文字母。（×）

16. 比例的字高应该与图名的字高一致。（×）

17. 剖面图包含断面图。（√）

18. 断面图一定包含有剖面图。（×）

19. 断面图是指形体被剖切后截断面的投影。（√）

20. 剖面图是指形体被剖切后整个余下部分的投影。（√）

21. 图样中的数字可以写成斜体。（√）

22. 剖面图是指形体被剖切后断面的投影。（×）

23. 剖切平面可以随意选择。(×)

24. 图样的轮廓线也可以作为尺寸线。(×)

25. 中心线也可以作为尺寸线。(×)

26. 图样的轮廓线、中心线都不可以作为尺寸线使用。(√)

27. 剖切符号表示剖切位置和剖切方向。(√)

28. 尺寸界线一般与被注线段垂直。(√)

29. 尺寸界线一般与被注线段平行。(×)

30. 剖切线一般用粗短实线表示。(√)

31. 尺寸线应与被注线段平行。(√)

32. 尺寸线应与被注线段垂直。(×)

33. 尺寸线不能是图样本身的轮廓线,但是可以用它的延长线。(×)

34. 若指明了材料类型,剖切断面图应该画出建筑材料的图例。(√)

35. 园林中的山石应用主要有假山和置石两种。(√)

36. 尺寸标注的时候应该大尺寸放在外面,小尺寸放在里面。(√)

37. 线性尺寸标注采用中粗斜短线作为尺寸起止符号。(√)

38. 线性尺寸标注,尺寸起止符号可以用箭头。(×)

39. 尺寸起止符号的倾斜方向应与尺寸界线顺时针 45 角。(√)

40. 绘制园林山石的时候一般用粗实线绘制其外轮廓,用细实线绘制其纹理。(√)

41. 尺寸数字一般注写在水平尺寸线的上方。(√)

42. 尺寸数字一般注写在水平尺寸线的下方。(×)

43. 垂直尺寸一般注写在尺寸线的左方。(√)

44. 垂直尺寸一般注写在尺寸线的右方。(×)

45. 等高线距离比较密表明地形比较陡。(√)

46. 相邻两条等高线距离比较大表明地形比较缓。(√)

47. 用线条法表示水平面时,线条必须布满水面全部。(×)

48. 用线条表示水平面时要用波纹线,不可用直线。(×)

49. 等深线与水岸线之间必须是均匀布局。(×)

50. 三角板有 45° 和 60° 两种。(√)

51. 铅笔的运笔方向水平线要从左至右,垂直方向要从上至下。(√)

52. 比例尺是绘有物体按照比例折算实际尺寸的三棱尺,比例尺除了可以直接折算实际尺寸以外,还可以当做三角板用。(×)

53. 绘制曲线时,应该先定出曲线上的若干点,然后再用曲线板绘制。(√)

54. 运用圆模板画圆时,画笔要与纸面垂直,且紧贴图形边缘。(√)

55. 运用擦图片能够很准确地擦除图面上不需要的部分。(√)

56. 质量较好的绘图纸具有纸面平整均匀、经得起擦拭、不会因空气湿度变化而产生过大的变形。(√)

57. 图框可以是横式,也可以是竖式。(√)

58. 图标的右边和下边应该与边框线重合。(√)

59. 图标的四个边都应该相对独立，不应与边框线重合。（×）

60. 等高线应该是闭合的曲线。（√）

61. 等高线可以是闭合的，也可以是断开的。（×）

62. 等高线用粗实线来表示。（×）

63. 高程数字标写在首曲线上。（×）

64. 高程数字标写在计曲线上。（√）

65. 园路和广场的铺装可以采用省略法，不用全部画满。（√）

66. 标高符号的尖端指向被注高度。（√）

67. 标高符号采用涂黑三角形。（×）

68. 尺寸起止符号应该与尺寸线成逆时针45°角。（×）

69. 以大地水准面为起算零点，其标高符号采用涂黑三角形。（√）

70. 采用网格法标注的时候，网格边长越长，标注的精度越高。（×）

71. 对称的构件在进行尺寸标注时可采用对称省略法。（√）

72. 如果详图在本张图纸上，详图符号的下半圆的中间应该是45°倾斜细实短线。（×）

73. 详图符号上半圆中的阿拉伯数字表示的是该详图的编号。（√）

74. 若详图不在同一张图纸内，所在图纸的编号应该标注在详图符号的下半圆中。（√）

75. 引出线可以是水平线或与水平方向成75°。（×）

76. 同时引出的几个相同部分的引出线可以相互平行或集中于一点。（√）

77. 如果详图在本张图纸上，详图符号的下半圆的中间应该是空白。（×）

78. 常绿针叶树和落叶阔叶树的平面画法应该有区别。（√）

79. 断面图包含被剖切整个取下部分的投影。（×）

80. 剖切平面和断面都可以转折。（×）

81. 断面图是面的投影，而剖面图是体的投影。（√）

82. 树木的平面图是指树木的水平投影。（√）

83. 在树木平面图绘制过程中，一种图例只能表示一个树种（×）。

84. 常绿针叶树平面图例中部应该空白。（×）

85. 水体立面表现时，线条方向应该与水体流动方向一致。（√）

86. 会签栏放置在图框线的外面。（√）

80. 物体被断开可以采用断开线，也可采用波浪线。（√）

81. 虚线、点化线和双点划线的线段与间隙宜各自相等。（√）

82. 点划线的线段长应该与间隙相等。（×）

83. 长仿宋字体书写要领应该是：横平竖直、起落有锋、布局均匀、填满方格。（√）

84. 在设计图中，当树冠下有花台、花坛、花境或水面、石块和竹丛等较低矮的设计内容时，树木的平面绘制宜采用避让法。（√）

85. 在同一张平面图中，树木的落影的方向应该一致 。（√）

86. 树木的立面表现形式可以是写实的，也可以是图案化的。（√）

87. 在画中景树和远景树时大多采用光影法，画出其在阳光下的效果，目的在于表现树的体积和整体树形。（√）

88. 相邻两条等高线之间的间距越大，表明地形越陡峭。（×）

89. 地形等高线图上只有标注比例尺和等高距后才能解释地形。（√）

90. 在地形设计时，可见地形等高线用细实线来表示，而不可见地形等高线用细虚线来表示。（×）

91. 绘图时应该先绘制边框线，再绘制图标，然后再绘制图纸内容。（√）

92. 在物体的三视图中，V面和W面的高应该相等。（√）

93. 树木在平面、立（剖）面图中的表示方法应相同，表现手法和风格应一致。（√）

94. 黄石的体形敦厚，棱角分明，纹理平直。（√）

95. 绘制建筑平面图时应先画定位轴线。（√）

96. 定位轴线是用来确定建筑基础、墙、柱和梁等承重构件的相对位置。（√）

97. 在建筑平面图上面也要注明室内外标高。（√）

98. 为了更好地表现建筑，除了绘制建筑的正立面图以外，还要绘制建筑其他方向的立面图。（√）

99. 有了建筑各个方向的立面图，不需要剖面图就能很好地表达建筑的结构。（×）

100. 园林四要素是指建筑、植物、道路和水体。（×）

二、选择题

1. 绘制弯曲的园路需用（B）

A 三角板　　　　B 曲线板　　　　C 圆模板　　　　D 圆规

2. 一般情况下，一张一号图纸可以对折成两张（C）号图纸

A 0号　　　　B 1号　　　　C 2号　　　　D 3号

3. 标题栏应该绘制在图纸的（C）

A 左上角　　　　B 左下角　　　　C 右下角　　　　D 右上角

4. 下面（A）线宽组是正确的

A 1.0 0.5 0.25　B 1.4 0.7 0.3　C 1.0 0.5 0.2　D 0.9 0.5 0.4

5. 相互平行的图线，其间隙不宜小于（C）。

A 1.0mm　　　　B 0.9mm　　　　C 0.7mm　　　　D 0.5mm

6. 比例一般注写在图名的（B）。

A 左侧　　　　B 右侧　　　　C 上方　　　　D 下方

7. 下面（D）组比例不属常用比例。

A 1∶20　　　　B 1∶50　　　　C 1∶100　　　　D 1∶195

8. 图样上标注的尺寸由（C）四部分组成。

A 汉字、尺寸线、三角号、数字

B 尺寸界线、R、点划线、尺寸数字

C 尺寸数字、尺寸线、尺寸界线、尺寸起止符号

D 尺寸数字、对称线、尺寸界线、尺寸线

9. 尺寸线应该用（A）单独绘制。

A 细实线 　　　　B 中粗短线 　　　　C 粗实线 　　　　D 点划线

10. 图样及说明中的常用汉字宜采用（C）。

A 宋体 　　　　B 黑体 　　　　C 长仿宋体 　　　　D 楷体

11. 图形的轮廓线可以作为（B）使用。

A 尺寸线 　　　　B 尺寸界线 　　　　C 尺寸起止符号 　　　D 剖切线

12. 图样中的汉字，字间距约为字高的（C）。

A 1/2 　　　　B 1/3 　　　　C 1/4 　　　　D 1/5

13. 大标题及图册封面的汉字多采用（B）。

A 宋体 　　　　B 黑体 　　　　C 长仿宋体 　　　　D 楷体

14. 尺寸界线应该用（A）绘制。

A 细实线 　　　　B 中粗实线 　　　　C 粗实线 　　　　D 点划线

15. 距离轮廓线最近的一道尺寸线与轮廓线之间的间距不得小于（D）。

A 5mm 　　　　B 6mm 　　　　C 8mm 　　　　D 10mm

16. 互相平行的两尺寸线的间距一般为（C）。

A 3～5mm 　　　　B 5～7mm 　　　　C 7～10mm 　　　　D 10～12mm

17. 除标高和总平面图以外，图样上的尺寸单位必须以（C）为标准单位。

A m 　　　　B cm 　　　　C mm 　　　　D μm

18. 半径尺寸数字前应加注符号（A）

A R 　　　　B Φ 　　　　C @ 　　　　D Φ@

19. 直径尺寸数字前应该加（B）。

A R 　　　　B Φ 　　　　C @ 　　　　D Φ@

20. 半径尺寸标注线一段从（D）开始，另一端画箭头指向圆弧。

A 圆弧 　　　　B 切线 　　　　C 弦 　　　　D 圆心

21. 三视图是指（A）

A H图、W图、V图 　　　　　　　　B 立面图、平面图、剖面图

C 平面图、立面图、断面图 　　　　　D 正立面图、侧立面图、剖面图

22. 下面（A）组横向定位轴线的编号是正确的

A 1、2、3、4 　　　　　　　　　　B a、b、c、d

C A、B、C、D

23. 剖切符号表示（A）

A 剖切位置和剖视方向 　　　　　　B 剖切面结构

C 断面结构 　　　　　　　　　　　D 剖切位置

24. 剖切符号包括（D）

A 剖切位置线和剖视方向线 　　　　B 断面线和剖切线

C 剖切线和剖视方向线 　　　　　　D 剖切位置线、剖视方向线和编号数字

25. 形体被剖切后的断面轮廓线用（A）来表示

165

A　粗实线　　　　　　B　中粗实线　　　　　C　细实线　　　　　　D　虚线

26. 剖切面上未被剖到的形体轮廓线用（B）来表示

A　粗实线　　　　　　B　中实线　　　　　　C　细实线　　　　　　D　虚线

27. 剖切面的断面轮廓范围内应（B）。

A　空白　　　　　　　B　画上剖面线　　　　C　用虚线表示　　　　D　用点化线表示

28. 形体被剖切后的不可见线（B）

A　必须画，用虚线表示

B　可以不画，但对于没有表示清除的内部形状需要画上必要的虚线

C　一定不能画

D　必须画，用细实线表示

29. 剖面线需要用（A）来表示

A　45°倾斜间隔相等的细实线　　　　　B　竖直间隔相等的细实线

C　45°倾斜间隔相等的细虚线　　　　　D　用45°倾斜间隔相等的细点化线

30. 树木的平面类型一般包括（A）

A　轮廓型、枝干型、枝叶型　　　　　B　远景树、近景树、中景树

C　树丛、树林、树群　　　　　　　　D　尖塔形、圆锥形、圆球形

31. 树木平面树冠的大小是指（A）

A　树木成龄树冠的大小　　　　　　　B　树木幼年时期树冠的大小

C　树木栽植时树冠的大小　　　　　　D　树木老年时期树冠的大小

32. 树木平面的绘制程序应该是（A）

A　先确定种植点位置，再画树例轮廓，最后绘制树例细部

B　先画树例细部，再画种植点，最后绘制树例轮廓

C　先画种植点，再画树例细部，最后绘制树例轮廓

D　先画树例轮廓，再画种植点，最后绘制树例细部

33. 草地的表现方法主要有（A）

A　打点法、小短线法、线段排列法　　　B　打点法、轮廓线法、涂黑法、线条法

C　打点法、涂黑法、空白法　　　　　　D　打点法、小短线法、线条法

34. 园林置石常用的石材主要有（A）

A　湖石、黄石、青石、卵石、石笋　　　B　湖石、花岗岩、黄石、卵石

C　菊花石、鱼鳞石、青石、湖石　　　　D　湖石、孔雀石、云母石、青石、黄石

35. "丑、漏、透、皱"是用来描述（A）的特征

A　湖石　　　　　　　B　黄石　　　　　　　C　青石　　　　　　　D　卵石

36. 绘制山石外轮廓要用（B）

A　细实线　　　　　　B　粗实线　　　　　　C　细虚线　　　　　　D　粗虚线

37. 绘制山石纹理要（C）

A　涂成阴影　　　　　B　用粗实线　　　　　C　用细实线　　　　　D　用虚线

38. 自然式水体的外轮廓要用（C）

A　细实线　　　　　　B　细虚线　　　　　　C　粗实线　　　　　　D　粗虚线

39. 等深线要用（A）表示

A 细实线　　　　　B 细虚线　　　　　C 粗实线　　　　　D 粗虚线

40. 水体平面绘制的时候，一般要沿水岸线绘制（B）道等深线

A 1～2　　　　　　B 2～3　　　　　　C 3～4　　　　　　D 4～5

41. 水体的立面表现可采用（A）法

A 线条　　　　　　B 平涂　　　　　　C 添景物　　　　　D 等深线

42. 在平面上，水面可以采用（A）法来表示。

A 线条　　　　　　B 留白　　　　　　C 光影　　　　　　D 投影

43. 园林树木的立面形态主要由（A）决定的。

A 树干和树冠　　　B 树枝和树干　　　C 树叶和树冠　　　D 树冠和树影

44. 抽象轮廓法绘制建筑总平面图常用于（B）。

A 功能分析图　　　B 导游示意图　　　C 景观分析图　　　D 交通分析图

45. 绘图铅笔尾部的"B"或"H"等字样表示铅笔的（C）。

A 长度　　　　　　B 高度　　　　　　C 硬度　　　　　　D 重量

46. 可见轮廓线要用（C）来表示。

A 虚线　　　　　　B 点划线　　　　　C 实线　　　　　　D 折断线

47. 园路的边缘线要用（C）来表示。

A 虚线　　　　　　B 点划线　　　　　C 细实线　　　　　D 粗实线

48. 若图纸需要加长时，加长量为原图纸长边（D）的倍数。

A 1/2　　　　　　　B 1/3　　　　　　　C 1/4　　　　　　　D 1/8

49. 图纸加长，（A）

A 只能长边加长　　　　　　　　　　　B 只能短边加长

C 长边和短边都可以加长

50. 高程数字标写在（B）。

A 首曲线上　　　　　　　　　　　　　B 计曲线上

C 首曲线和计曲线之间　　　　　　　　D 任何位置

51. 计曲线采用（D）来表示。

A 虚线　　　　　　B 点划线　　　　　C 细实线　　　　　D 粗实线

52. 每隔（D）根等高线有一个计曲线。

A 1　　　　　　　　B 2　　　　　　　　C 3　　　　　　　　D 4

53. 原地形的等高线用（B）来表示。

A 细实线　　　　　B 细虚线　　　　　C 粗实线　　　　　D 粗虚线

54. 设计地形等高线用（A）来表示。

A 细实线　　　　　　　　　　　　　　B 细虚线

C 粗实线　　　　　　　　　　　　　　D 粗虚线

55. 如果尺寸数字与图线重合，应该（A）。

A 图线避让数字　　　　　　　　　　　B 数字避让图线

C 重叠在一起书写

56. 标高符号采用 (B)。

A 涂黑三角形   B 空白三角形

C 45°斜短线

57. 标高符号采用的倒三角形应该是 (B)。

A 等边三角形   B 等腰直角三角形

C 不等边直角三角形

58. 标高符号的 (C) 应指向被注高度

A 斜边   B 直角边   C 尖端   D 方向

59. 比例写在图名右侧，(B)。

A 与图名字号一样大   B 比图名字号小一号或两号

C 比图名字号大一号或两号

60. 复杂曲线的标注可以采用 (A)。

A 网格法   B 截距法   C 等高线法   D 涂黑法

61. 简单不规则曲线的标注可以采用 (B)。

A 网格法   B 截距法   C 等高线法   D 涂黑法

62. 索引符号对应 (B)。

A 标高符号   B 详图符号   C 剖切符号   D 尺寸起止符号

63. 尺寸起止符号应该 (C)。

A 垂直尺寸界线   B 平行尺寸界线

C 与尺寸界线成顺时针45°角   D 与尺寸界线成逆时针45°角

64. 以大地水准面为起算零点，其标高符号采用 (B)。

A 空白倒三角形   B 涂黑倒三角形

C 空白正三角形   D 涂黑正三角形

65. 采用网格法标注时，(B)。

A 网格边长越长，标注的精度越高   B 网格边长越短，标注的精度越高

C 网格边长长短与标注精度没有关系

66. 详图符号对应 (B)。

A 标高符号   B 索引符号   C 剖切符号   D 尺寸起止符号

67. 如果详图在本张图纸上，详图符号的下半圆的中间应该是 (A)。

A 水平细实短线   B 阿拉伯数字1   C 垂直细实短线   D 45°倾斜细实短线

68. 详图符号的上半圆中用 (C) 来表示详图的编号。

A 大写英文字母   B 小写英文字母

C 阿拉伯数字   D 罗马数字

69. 引出线宜采用 (A)。

A 水平线或与水平方向成30°、45°、60°、90°的细实线

B 水平线 或与水平方向成30°、45°、75°的细实线

C 水平线或与水平方向成30°、45°、90°的细实线

D 水平线或与水平方向成45°、90°的细实线

70. 索引详图的引出线应该对准（C）。

A 数字

B 过圆心的细实线

C 圆心

D 圆弧

71. 引出线标注的文字应该在引出线的（A）。

A 上方或端部

B 下方或端部

C 上方或下方

72. 定位轴线编号应该注写在（D）。

A 轴线上

B 轴线左侧

C 轴线右侧

D 轴线端部的圆圈内

73. 连接符号应以（B）表示。

A 点化线   B 折断线   C 波浪线   D 双点划线

74. 阔叶高大乔木的成龄树的树冠的冠径可达（A）m。

A 10～15   B 5～10   C 3～7   D 2～3

75. 树木平面绘制第一步应该（A）。

A 确定种植点

B 确定外轮廓

C 绘制树影

D 绘制树例西部

76. 常绿针叶树平面图例中部应该（D）。

A 留空

B 间隔相等的相互平行的水平细实线

C 间隔相等的相互平行的垂直细实线

D 间隔相等的相互平行的45°细实线

77. 树木的立面绘图程序应该是（B）。

A 先绘制枝条，再绘制轮廓，然后添加叶片

B 先绘制轮廓，再绘制枝条，然后添加叶片

C 先绘制叶片，再绘制轮廓，然后绘制枝条

78. 树丛在空间上有层次感，一般要绘出（B）。

A 轮廓型、枝干型、枝叶型

B 远景树、近景树、中景树

C 树丛、树林、树群

D 尖塔形、圆锥形、圆球形

79. 水体的立面表现可以采用（B）。

A 线条法、涂黑法 光影法

B 线条法、留白法、光影法

C 抽象法、留白法、光影法

D 抽象法、留白法、线条法

80. 光影法绘制水体多用于（D）图中。

A 平面   B 立面   C 剖面   D 效果

81. （C）法表示建筑能够清楚地反映建筑所在位置及建筑之间的相对关系。

A 剖平   B 平顶   C 涂实   D 抽象轮廓

82. 会签栏应该放在图纸（B）。

A 左侧上方的图框线内

B 左侧上方的图框线外

C 右侧上方图的框线内

D 右侧上方图的框线外

83. 不留装订边框的图纸四边宜一致，A1～A2 号图纸的边距应该为（A）mm。

A 10   B 15   C 20   D 25

84. 图线相交接时，接头应准确，(B)。

A 可以偏离但不能超出　　　　　　　B 不可偏离或者超出

C 可以稍微超出但不能偏离　　　　　D 可以偏离或超出

85. 在设计图中，当树冠下有花台、花坛、花境或水面、石块和竹丛等较低矮的设计内容时，树木的平面绘制宜采用（A）。

A 避让法　　　　B 抽象法　　　　C 涂黑法　　　　D 留白法

86. 灌木与乔木的区别在于（B）。

A 乔木大、灌木小　　　　　　　　B 乔木有明显主干，而灌木没有

C 乔木外形规范，而灌木长无定势

87. （A）的体形敦厚，棱角分明，纹理平直，多为黄色。.

A 黄石　　　　B 青石　　　　C 卵石　　　　D 湖石

88. 绘制树木平面图宜使用（C）。

A 三角板　　　　B 曲线板　　　　C 圆模板　　　　D 圆规

89. 线性尺寸标注的时候应该（A）。

A 大尺寸放在外面，小尺寸放在里面　　B 小尺寸放在外面，大尺寸放在里面

C 大尺寸放在中间，小尺寸放在里面和外面

90. 线性尺寸标注，尺寸起止符号可以用（C）。

A 箭头　　　　　　　　　　　　　B 圆点

C 斜短线

91. 水平尺寸标注时，尺寸数字一般注写在（B）。

A 水平尺寸线的下方　　　　　　　B 水平尺寸线的上方

C 与水平尺寸线重合位置

92. 垂直尺寸数值标注时，数字要注写在（B）。

A 尺寸线的右方　　　　　　　　　B 尺寸线的左方

C 与水平尺寸线重合位置

93. 在物体的三视图中，V 面的高应该等于（A）。

A W 面的高　　　　B H 面的宽　　　　C W 面的宽　　　　D H 面的宽

94. 绘制建筑平面图时应先画（B）。

A 墙体的厚度　　　　　　　　　　B 定位轴线

C 门窗位置及宽度　　　　　　　　D 室外台阶

95. 绘制园路的平面图时，应该（B）。

A 先画铺装，再确定道路边线　　　B 再先确立道路中线，再确定道路边线

C 先确立道路中线，再确定道路边线

96. 在画底稿时，通常选用（D）铅笔轻轻画出。

A H　　　　B 2B　　　　C HB　　　　D 2H

97. 再绘制设计总平面图时，应该（B）。

A 先画植物，再绘制其他要素　　　B 先画地形、水体和建筑，再画植物

C 一起画

98. 园林四要素是指（B）。

A　建筑平面图、立面图、剖面图、效果图

B　植物、建筑、地形、水体

C　植物、建筑、园路、建筑

D　乔木、灌木、花卉、藤本植物

99. 在画中景树和远景树时大多采用（D），画出其在阳光下的效果，目的在于表现树的体积和整体树形。

A　线条法　　　　B　留白法　　　　C　抽象法　　　　D　光影法

100. 树木的立面表现有（B）三种表现形式。

A　轮廓法、写实和抽象法　　　　　　B　写实、图案式和图像变形

C　光影法、图案式和线条法

附录 4　　小庭院图纸设计案例

案例一

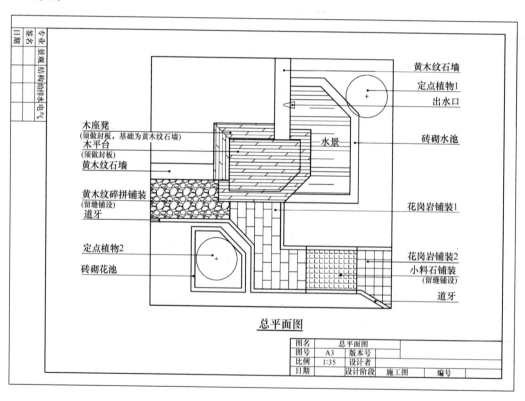

附录 4-图 1　总平面图

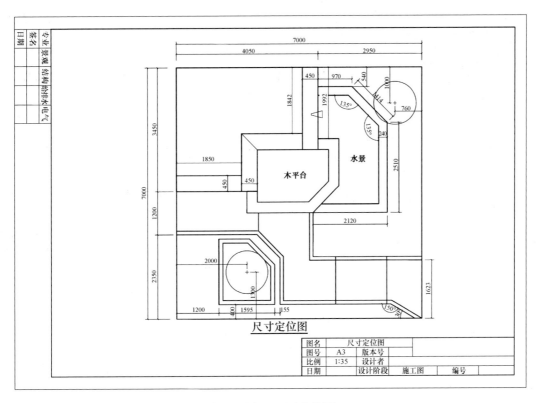

尺寸定位图

图名	尺寸定位图		
图号	A3	版本号	
比例	1:35	设计者	
日期		设计阶段	施工图	编号	

附录 4-图 2　尺寸定位图

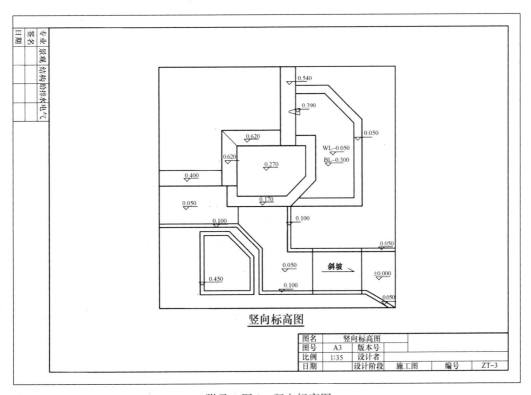

竖向标高图

图名	竖向标高图		
图号	A3	版本号	
比例	1:35	设计者	
日期		设计阶段	施工图	编号	ZT-3

附录 4-图 3　竖向标高图

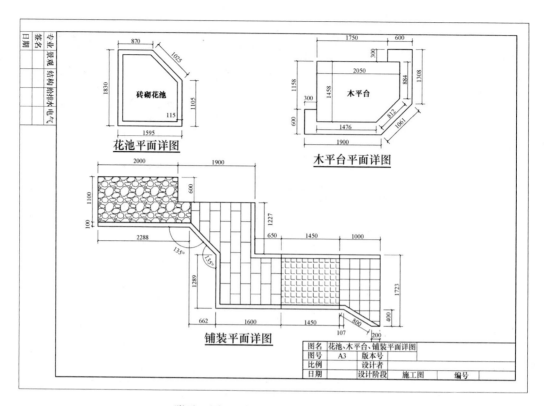

附录 4-图 4　花池、木平台、铺装详图

案例二

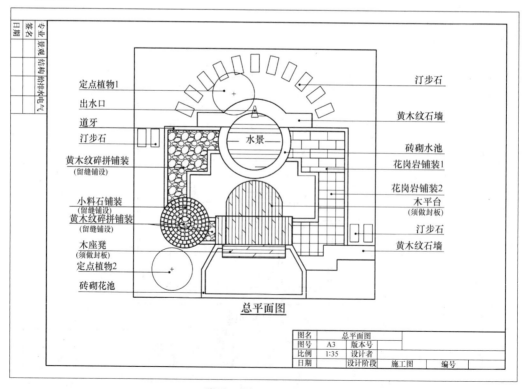

附录 4-图 5　总平面图

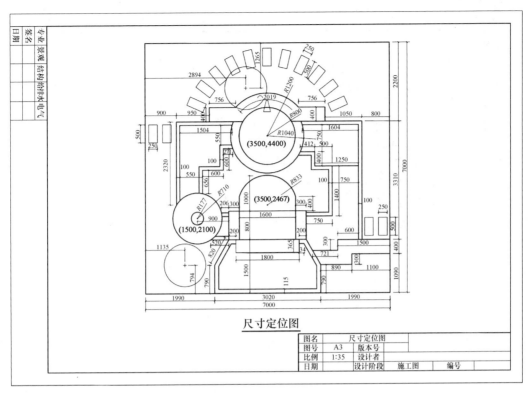

尺寸定位图

图名	尺寸定位图		
图号	A3	版本号	
比例	1:35	设计者	
日期		设计阶段	施工图	编号	

附录4-图6　尺寸定位图

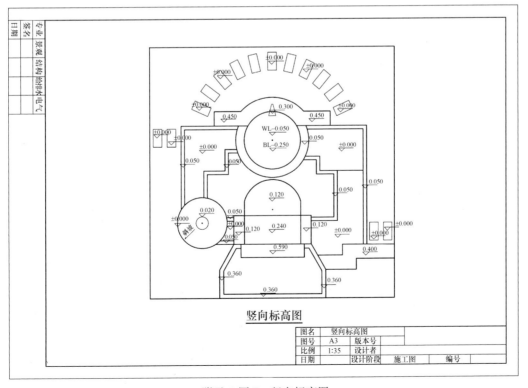

竖向标高图

图名	竖向标高图		
图号	A3	版本号	
比例	1:35	设计者	
日期		设计阶段	施工图	编号	

附录4-图7　竖向标高图

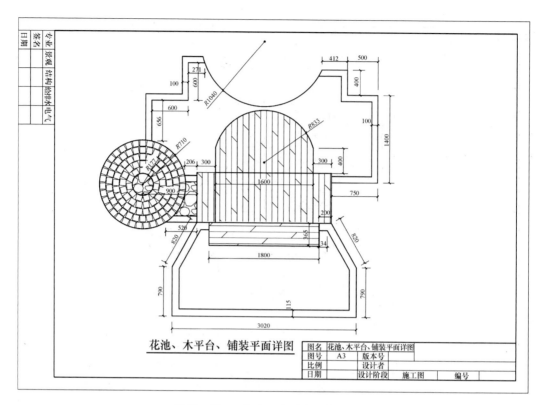

花池、木平台、铺装平面详图

图名	花池、木平台、铺装平面详图		
图号	A3	版本号	
比例		设计者	
日期		设计阶段	施工图	编号

附录4-图8　花池、木平台、铺装详图

参 考 文 献

［1］ 常会宁，武新．园林制图与识图（第二版）［M］．北京：中国农业大学出版社，2015．

［2］ 张淑英，周业生．园林工程制图（第二版）［M］．北京：高等教育出版社，2015．

［3］ 段大娟．园林制图［M］．北京：化学工业出版社，2012．

［4］ 杨波，李杰．园林制图［M］．北京：机械工业出版社，2014．

［5］ 宁荣荣，李娜．园林工程识图从入门到精通［M］．北京：化学工业出版社，2017．

［6］ 石宏义，刘毅娟．园林设计初步（第二版）［M］．北京：中国林业出版社，2018．

［7］ 黄晖，王云云．园林制图（第3版）［M］．重庆：重庆大学出版社，2016．

［8］ 中华人民共和国住房和城乡建设部．GB/T 50001—2017．房屋建筑制图统一标准［S］．北京：中国建筑工业出版社，2017．

［9］ 中华人民共和国住房和城乡建设部．CJJ/T 67—2015．风景园林制图标准［S］．北京：中国建筑工业出版社，2015．